盛口 満

となりの地衣類

地味で身近なふしぎの菌類ウォッチング

八坂書房

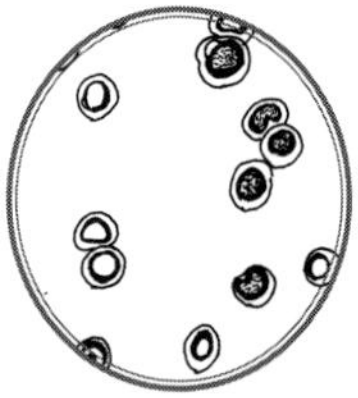

となりの地衣類

目　次

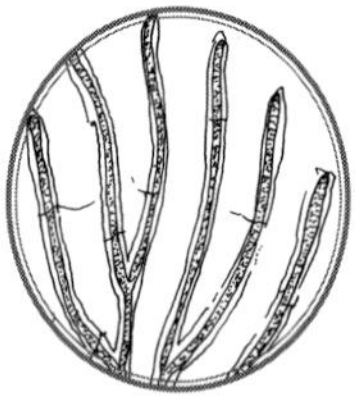

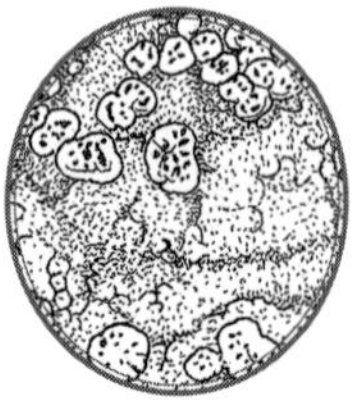

序章――世界の果て

僕は生き物屋の一人である。

誰でも幼いころは生き物のことが好きだ。けれど、成長とともに、生き物好きを卒業していく。しかし、なかにはいつまでも、生き物のことを追いかけ続ける人がいる。この人たちは、自らのことを生き物屋と呼ぶ。

僕は千葉県の海辺の町で生まれ育った。僕は小学校二年のある日から、海辺の貝殻拾いに夢中になった。繰り返し渚を歩き回り、貝殻を拾う。寒風の吹き荒れる中だろうが、それまで拾い上げたことのなかった貝を見つけたときの喜びは何物にも代えがたかった。その情熱は、今もかわらず胸のうちにある。

生き物屋は病気のようなものだと思う。この病にかかると、自分で病を重くしようとする傾向がある。同病相憐れむというけれど、同じ病のもの同士が出会うと会話がつきない。いつ発症するかは人によって違い、なかには大人になってから突然、発症する人もいる。一方、抵抗力があるのか、近くに生き物屋がいても、発症しない人は発症しない。僕には二人の息子がいるが、生き物に特別な興味を持っているようには思えない。たとえば長男が興味を持っているものは、妖怪だったりする。

妖怪？

どういうものか、あまり知らない。小学生の息子の興味をきっかけに調べてみることにした。分野外のことかと思ったら、案外、面白い。

幽霊は夜中にでるけれど、妖怪は夕方にでると本にあって、なるほど。

今のように照明が発達する以前、夕方は、ものの姿の認識があやふやになる時刻だった。夜中は見えない。昼間は見える。夕方はその境界。だから、夕方を黄昏時《たそがれどき》ともいう。道の向こうから誰かがやってくる。しかし、薄暗がりで姿形がはっきりしない。「誰《た》そ彼《かれ》」すなわち、「あなたは誰？」と問うてみなければわからない。人かもしれない。人ではないものかもしれない。

考えてみれば、こうした境界は、時間軸だけでなく、空間軸でも生じる。

たとえば、『異民族へのまなざし』という、今から百年以上前の各地のモンゴロイド（黄色人種）の肖像写真を集めた本の中で紹介されている、メーゲンベルク著『自然の書』（一四七五年刊）から転載された図を見てみよう。そこには、当時、インド地方にいると考えられていた、さまざまな人たちの姿が描かれている。犬の頭を持った犬頭人、二つの頭を持つ人、手が六本の人、一つ目、頭なし、一本足等々。描かれているのは、人というよりほとんど妖怪といっていいものたちだ。

十五世紀当時のヨーロッパの人々にとって、インドが空間軸上の視野の届くぎりぎりの境界、世界の果てだったのだ（アメリカ大陸はまだ発見前であり、すなわち、見えない存在だった）。面白いなと思うのは、別の本を見ると、また違った境界線の存在に気づくこと。シダにまつわるヨーロッパの伝説を取り上げた『スキタイの子羊』という本の訳者あとがきの中に、アラビアの伝説に登場する「ワクワク島に生えるワクワクの木」というものが紹介されている。名前からして、かなりあやしいのだが、どういうものか。ワクワク島は女人国で、この島のワクワクの木には女の子がなる。その木になった女の子が地上に落ちるときに、「ワクワク」と鳴き声を上げるという。完全に妖怪まがいだ。

だが、このワクワク島、なんと日本のことなのだ。かつて日本は倭国《わこく》と呼ばれた。この呼称が中国からアラビアに伝わるうちに、こんなフシギな伝説に転化したらしい。すなわち、かつて、アラビアの人にとっては、日本が世界の果てだった。

ふむ。

世界は二重構造になっている。実在世界と認識世界。

そのうち、認識世界というのは、自己中心的にあるものだ。ヨーロッパの人にとってはインドが世界の果てだった時代がある。一方、アラビアの人から見たら、日本が世界の果てだった。自己中心的に物を見ているからこそ、認識世界には果てがあるわけだ。

以前、古本屋で見つけた、それこそ『世界の涯《はて》』と題された本があることを思い出し、引っ張り出してみる。戦前に海外でも活躍した元侯爵で鳥類学者の蜂須賀《はちすか》正氏《まさうじ》の手になる本だ。蜂須賀は戦前、博物学に長い伝統のあるイギリスに留学していた。ところが当時、イギリスにおいても、アイスランドの鳥類については、ほとんど知見がなかったのだという。そこで、蜂須賀は二人のイギリス人と探検隊を組み、アイスランドに鳥の調査に出かけて行く。かつての鳥の調査というのは、鉄砲による狩猟で採集し、剥製を作って……というものだったから、馬に乗ってあちこち出かけ、鳥を見つけては鉄砲を撃って……という話がひたすら書かれている。当然、この本の書名からするに、蜂須賀にとって、世界の果てとはアイスランドだったわけだ。こんなふうに、世界の果ては個人的にも規定されうる。自分の視野の範囲の境界線が、世界の果てだ。

そうしてみれば、僕にとっても世界の果ては確かにある。

◉二〇一一年三月十一日

僕は大学で、理科教育の教員をしている。勤務先は、沖縄・那覇市内にある、小さな私立大学だ。

その日、僕は三名の学生を連れて、沖縄島の東、約三六〇キロの海上に浮かぶ南大東島にいた。サトウキビ畑の中の道をレンタカーで走っていると、一人の学生のケータイが鳴った。

「お母さんが、本土で地震があったけど、大丈夫かって」

それを聞いた僕は、「おまえさんのお母さんはずいぶんと心配性だなぁ」と、話を軽く受け流した。もともと、箱入り娘の気がある学生なのだ。

ところが。

那覇に戻ろうと、南大東島の空港に着いて、愕然とした。空港内のテレビには、畑や車を呑み込み、押し寄せる津波の映像が流れていた。

那覇空港も津波の影響が考えられるため、飛行機の出発は見合わせます。そんなアナウンスが流れる。

我に返って、千葉の実家に一人いる母親に電話連絡をしようと思うが、ケータイがつながらない。固定電話に切り替えて、何度目かの電話で、とりあえず無事を確認できた。

それが、僕にとっての３・11。

その日、飛行機はずいぶんと遅延して那覇空港に降り立った。それから数日間の記憶があいまいだ。やがて原発が爆発した。世界はまだあるか。朝、目をあけるたびに、そう思う。そして、息子の寝顔を確かめた。


震災から十日ほどした夜。息子が寝静まったあとに、かみさんと話をした。

「ウランって、形があるの？」

何かの拍子に、かみさんが、そんなことを言うので、ちょっと驚く。そうか、ウランって、そんなふうに思われているわけか。

「だって、ウランっていったら、鉄腕アトムのウランちゃんぐらいしか、形になったのは思い浮かばないよ」

そう続ける。なるほど。

「ウランの写真とかあるの？」

そりゃあるよと答えたが、かといって、ウランの写真が載っている本を手元に持っているわけではなかった。

「ウランって、手に持っただけだったら、害はないの？」

いや、害はあるよ。放射性物質を研究していたキュリー夫人とかは、危険性を知らなくて、放射線障害になったというし。

「じゃあ、ウランって、どこで採れるの？　南米？」

かみさんの質問にぐっとつまる。知らない。南米ではないと思うけど……。

「ウランを掘っている人には健康被害はないの？　報道とかないよね」

なるほど。これはかみさんの言うとおりだ。おそらく、採掘現場では、何らかの環境汚染が起きているはずだ。

「劣化ウランというのも聞いたことあるけど、普通のウランとどこが違うの？」

またまた、ぐっとつまる。うろ覚えの知識で答えるが、答えながら、自分がよくわかっていないことにはっきりと気づく。理科教育を担当しているといっても、こと原発に関しては、かみさんの知識と五十歩百歩だ。

もちろん、世の中の多くの人にとっても、そうだったろう。原発の理解のされかたと、現実の原発を動かす技術の間には、深い溝がある。

世界はまだあるか。

そう問い続けながら、原発事故の収束の見通しが立たない中、福島からはるか離れた沖縄で、何ができるかと考える。まずは、知ること。かみさんとの会話で、僕はそのことに気がついた。

世界の果ては「見える」と「見えない」の境界線。なにか「ある」のは知っているけれど、その正体についてては「あやふや」な認識のまま。

たとえば、僕にとって原発というものは、まさにそういうものとしてあった。

3・11をきっかけにして、そのことにようやく気づく。だから、原発のイロハから、とにかく調べてみることにする。

ウラン、プルトニウム、臨界、シーベルト、はては原爆、ビキニ環礁、云々かんぬん。はじめて知ったことがいろいろとある。ただ、勉強をしてみて、あるところで一種の壁の存在にも気づいてしまった。学生時代から、僕は物理が大の苦手だった。だから原発についての勉強をしていても、あれこれ問題を指摘できるほどには、理解を深められないところがある。社会学的な側面や健康被害など、さまざまな側面から原発を語ることは可能だけれど、そうした分野に関しては、やはり自分にとって、どこか借り物の視点に終始してしまいそうだ。僕は小さなころから生き物が好きで、それが高じて大学では生物学を学び、卒業後は理科（生物）の教員になった。こうして生き物についての一般向けの本も書いている。だから、原発問題も、どこか生き物と絡めて見ていけないものかと思ってしまう。

そんな思いでいるときに、これまた、自分の認識世界の果てに存在する生き物に気がついた。

それが、地衣類だった。

第一章　地衣類って何？

◉地衣は地衣でいい？

地衣類というものの存在は、以前から、一応、知っていた。しかし、今思えば、地衣類が実際に視野の中にはいったとしても、それと認識していないことがしばしばあった。さらに地衣類と認識しても、「地衣類は地衣類でいいや」とも思っていた。個別の種類なんてわからなくてもかまわない、と。だいたい、地衣類は合体生物だと聞いたことがある。合体生物なのに、種類があって、名前もそれぞれについている？　はたまた、種類を決めるときには化学成分の分析が必要だとかなんだとか。意味がよくわからない。

そんな生き物が、３・11から半年ほど経ったある日、僕の中でそれまでと異なった意味を持ちはじめることになる。

僕は学生たちから、「ゲッチョ」と呼ばれている。これは、僕の生まれ故郷である、千葉県・館山の方言に由来していて、大学時代からの僕のあだ名だ。

僕が所属しているのは、初等教員養成課程のある学科だ。うちの学科の学生たちは、小学校の教員を目指しているだけあって、おしなべて子どもたちのことが好きだ。子どもたちの相手をするのも、本当にうまいと思う（僕は息子たち以外、子どもはどうも苦手だ）。しかし、どちらかというと、理科は苦手だったり、興味がなかったりする学生が多い。そのため、理科教育に関する授業をする際には、学生たち自身に理科の学び直しをしてもらうことにしている。なにしろ自然体験や生活体験が、圧倒的に不足している。そのため、野外に出かけて行って、そこいらに生えている草をてんぷらにして食べたり、飛び回っている虫を捕まえて標本にしたりする授業を組み込んでいる。

ところで、虫のことを授業で扱ってみて気づくのは、学生の多くが虫を苦手としていることだ。あまりの苦手具合にびっくりするほど。「カブトムシ、クワガタ以外全部ムリです」という男子学生もいたし、「テントウムシ以外全部イヤ」という女子学生もいた。

僕は大学卒業後、埼玉で中学と高校の理科教員をしていた。思い切って現在の住居がある沖縄に移住したのは十七年前のことになる。それこそ沖縄には、虫をはじめ多様な生き物がいることが大きな理由だ。今でも、ひまがあれば、沖縄島北部・やんばると呼ばれる地域に広がる森に行って、虫だのなんだのを見て回るのを何よりの楽しみとしている。ただし、沖縄といっても僕の住居や、僕の勤務先の大学のある県都那覇は大都会だ。僕の大学の学生たちは、そうした沖縄の都市部出身者が多い。「草は草、虫は虫でかまわない」というのが、僕のゼミの学生だったアイカが僕に放った名言（？）だった。つまり現代に生きる多くの若者にとって、個々の生き物の種類なんか識別できなくとも、日常の生活にまったく支障がないということなのだ。先に僕が「地衣類は地衣類でいいや」と思ったと書いたのは、このアイカの名言にならったものだ。アイカはアイカ、僕は僕で、自分の世界の果てがある。

ともあれ、授業の中では、虫が苦手な学生に対して、常々、「虫がキライでもかまわない」と言っている。好き嫌いは人それぞれだからだ。ただ、現代社会においても、子どもたちの虫好きは変わらない。だから学生には「子どもたちと付き合うなら、虫がキライであっても、虫は面白いと思えるようになったらいいな」と言うようにしている。虫がキライと言ってはいても、それはイメージ上だけのことが、ままある。だから、実際に虫を捕まえたり、観察したりすると、自称虫ギライの学生たちも、虫を案外、面白がるようになることが多い。また、キライという感情までは払拭できなくても、虫にも面白いことがあるんだと思えれば、虫、ひいては自然に対して、それまでと違った関わりが作れるようになると、僕は思う。

こうした教育上の観点から、虫の野外観察の授業のときに、僕は友人を特別講師として招くことにしている。

スギモト君は僕より十歳ほど年下の友人だ。最初に出会ったのは、僕が沖縄に移住してすぐのことだ。そのときの彼はまだ、二十代の後半だった。つい最近、彼をしげしげと眺めてみたら、そのときとほとんど姿が変わっていないことに気づき驚いてしまった。痩身、長髪はあいかわらずだ。ラフな服装もほとんど一緒。小さいときから虫に興味を惹かれ、虫を追いかけるように沖縄に移住し、仕事もフリーでアセスメント関係の昆虫調査をしている。

そんなスギモト君を学生実習に招く。頭上を飛ぶ虫を、さっと網をふってネットイン。そのとき、網がびゅんと音をたてたと、学生たちは驚きの声を上げる。話をしている最中でも、道脇の虫を目ざとく見つけたといって、また学生たちは驚いている。虫が苦手な学生も、あまりに真剣に虫に接するスギモト君には興味を惹かれてしまうのだ。間接的にでも虫に興味を持ってくれたらいいなと思って、スギモト君を実習に招いているわけだ。


震災から半年経ったこの日、僕はスギモト君を、実習の特別講師として招いた。

大学が都市部にあるので、野外実習には大学のマイクロバスを借りて出かけることにしている。出発時間までのしばしの間。ふと見ると、スギモト君が、大学構内にある木の幹を何やらじっと見つめ、デジカメでぱちり、ぱちりと写真を撮っている。何をしているのかと思えば、樹幹につく地衣類をウォッチングしていた。

地衣類とは何か……というのは、まさにこの本でこれから紹介する内容だ。一言で言えば、木や石の上に生える、「コケのようで本当のコケでないもの」である。場合によっては、コケどころか、単なる木の幹の模様や石の上のしみにしか見えないものもある。スギモト君が写真に撮っていたのも、普通に見れば木の幹の模様にしか見えないものだろう。

生き物屋にもいろいろいる。千葉の海辺に生まれ育った僕は、貝殻拾いから生き物屋への道をスタートした。少々移り気なところを持ち合わせている僕は、その後、虫にも興味を惹かれ、キノコや植物にも興味の対象を広げた（大学で専門に学んだのは植物生態学だった）。教員になってからは、教材に利用できるという観点から、動物の骨格に関心を持ったし、生徒とのやり取りから、ナメクジやコケに惹かれたりもした。このため、僕は生き物屋としては、邪道の気があると言われたりする。あれこれ手を広げすぎているからだ。スギモト君の場合は、僕よりずっとすっきりしていて、基本は虫屋だ。それも、筋金入りの虫屋である。しかし、そんなスギモト君が、なぜ地衣類の写真なんか撮っているのだろう？

「地衣の生えた樹皮に擬態している虫とかがいて、そういうの、自分の〝ツボ〟なんですけど」

スギモト君がそんなことを僕に言う。

地衣類への興味は虫つながりであった。それなら、まあ、わからなくもない。

「地衣に擬態している生き物といったら、コケオニグモとかマダガスカルのヘラオヤモリとかもいますし」

スギモト君はクモも爬虫類も好きなのだ。

「それと……」と、スギモト君はさらに言葉をつなげた。

「子どものころ、水彩絵の具のビリジャンと白を混ぜると、すごくきれいな色になるなと思っていて。この色が大好きだったんです。この色が地衣の色に似ています」

最後に付け加えられた理由は、生き物屋的にどうのこうのという話ではなく、ずいぶんと個人的な感覚に起因している。生き物屋といえども、そんな理由で特定の生き物に興味を持つ場合もあるわけだ。

僕らは、一人一人、自分の世界を持っている。が、その世界は檻としても働く。そうした檻の存在には、自分だけでは気づかないことが多い。自分が限定的な世界で生きているということに気づくには、自分とは異なった世界を持つ他人との会話が必要だ。

◉地衣類へのまなざし

「地衣、地衣……」

フィールドワークの最中も、スギモト君は、車窓から街路樹の樹幹を見ては、そうつぶやいていた。

「チイって、何ですか？」

さすがに学生の一人、モトキがそう声をかけてきた。多くの学生は虫が苦手と書いたけれど、例外はいる。モトキは小さいころからクワガタが大好きで、野山を駆け回っていた経験を持つ学生だ。それこそ、クワガタを追いかけていて、ハブに咬まれたことがあるほどに。

「地衣類というのはね、ほら、木の幹に生えているコケみたいな生き物のこと」

「あーっ、公園のホルトノキとかについているやつ？　ホルトノキの模様かと思ってた」

「そうそう、ホルトノキについているよね」

「チイルイって、どんな漢字を書くんです？」

「地面の地に衣服の衣って書いて地衣類だよ」

「色、いろいろありますよね。ぶつぶつになっているのとかも」

このやり取りを脇で聞いていて、少し感心してしまう。モトキは、それと理解しないまでも、地衣類の存在をちゃんと認識していたからだ。

「地衣はスローライフで、平和な生き物だよね。僕、生まれ変わったら、地衣とかいいなと思うけど、あんまり支持されないですね」

モトキの質問に答えていたスギモト君は、僕の方を振り返り、そんなことも言う。自分の転生先のリストに地衣類の名をあげるなんて、僕には思いつきもしないことだ。

「キノコが生える地衣類もあるんだよ」と、再びモトキの方を向いてスギモト君が言う。

「キノコ？」

これを聞いて、モトキは不思議そうな顔をした。

地衣類とは、菌類と藻類が共生関係を結んでいる生き物。だから、種類によっては、小さなキノコが生えるものもあるんだよと、スギモト君がモトキに説明をしている。

「キノコとソウ類？」

再び、モトキが不思議そうな顔をした。

藻類というのは、海藻とかの仲間をひっくるめていうわけだけど、地衣類と共生する藻類というのは、クロレラみたいな単細胞の種類だよと、今度は僕が簡単な説明をすることにした。

「地面に〝ふえるワカメ〟みたいなのが生えていることがあるでしょ。あれもシアノバクテリアという、藻類の仲間だよ」

スギモト君が、説明を付け加えた。スギモト君が付け加えたのは、暖地で見られる地上性の藻類、イシクラゲのことだ。普段はかぴかぴの状態だけれど、雨上がりになると水を含んで大きくなった姿が目につくようになる。

「ああ」とスギモト君の話に、モトキがうなずいている。

「昔、おばあが食べていたというやつでしょ。おばあが昔、採ったことがあるって言ってました。運動場とかにも生えてますよね」

沖縄では、かつてイシクラゲを食用として利用していた。いろんな出身地のおじいやおばあから話を聞くと、イシクラゲは島によって、モーアーサーとかジフクラとか、さまざまな呼び名を持っていたことがわかる。チャンプルーや汁にして食べたというが、それ自体はほとんど味がしなかったらしい。戦争中は大量に採取して供出したという話も聞いた。

「見た目がイシクラゲにそっくりの地衣もあるんだよ」

そう、スギモト君。

野外実習終了後も、この日はしばらくスギモト君と二人で大学内の地衣類探し。

リュウキュウクロキの幹を見ては、「チイ、チイ」。

フクギやサガリバナの幹でも「チイ、チイ」。

「本土には、サクラの木に地衣が多いように思いますけど、沖縄のカンヒザクラの木には地衣がついていませんねぇ」

スギモト君は、そう言う。

本土では、ちょっと郊外に出れば、サクラやウメ、マツの木などの樹幹や枝に、コケを思わせる姿をした地衣類がついているのを目にするのは珍しくない。そうした地衣の代表が、その名もウメノキゴケだ。ただし大学内の木で見つかったのは、スギモト君いわく「たむし」のように、ぺったりと木の幹に貼りついた平面的な種類ばかりだった。

それでも、この日、地衣類にそれまでと違ったまなざしを向けはじめている僕がいた。

「気にして見ると、木の幹に地衣類が生えていることには気がつくようになるけれど、種類まではわからなそうだなぁ。種類を見分けるには、地衣類に含まれている成分を調べなきゃいけないという話も聞いたことがあるし。誰か、地衣類に詳しい先生にでも教えてもらわないとダメかな」

スギモト君を前にそんなことを言ってみる。

「僕は、いきなり誰かに教えてもらう前に、まず、自分でできるだけ調べるようにしています。それから教えてもらった方が、いろいろとわかると思うんです」

僕の話を聞いて、スギモト君はそう言った。なるほど、一理ある。第一、地衣類のことを教えてくれそうな人など身近に見当たらない。それなら本を見ながら、地衣類とはどんな生き物なのかを勉強してみることにしようか。

それに、ここで思い出したことがある。

それは地衣類が「放射性物質を貯め込む性質がある」という話だ。

そうであるなら、地衣類を見ていくことで、自分なりに、放射能や原発問題を見ていく視点も、持てないだろうか。

僕は、漠然とそんなことを考えはじめた。

●トナカイの秘密

スギモト君との実習から一か月あまり過ぎたころ。僕は授業の中で、地衣類を取り上げてみることにした。

「トナカイって知っている？」

そんな質問から授業を始める。

唐突な質問だけれど、僕の授業は、たいていそんな話から始まるので、学生たちは慣れっこだ。

トナカイと言えば、学生たちにはサンタクロースのそりをひく動物というイメージが一番強い。クリスマスに関する絵本などでも、その姿はお馴染みだろう。そのため、「シカの仲間じゃない？」という声はすぐに返ってきた。ただ、同時に「北海道とかにもいるの？」という声も。

「ライオンは英語でもライオン、キリンの場合は英語でジラフっていうでしょう。じゃあトナカイは英語でなんていうか知っている？」

そんな質問を続けてみた。

「？？」

思いもかけぬ問いに、学生たちは首をひねっている。

実は、この授業のちょっと前、小学校へ授業に行く機会があった。授業の合間、案内された控室に貼られていた一枚のポスターに目がとまる。小学校での英語教材だ。二〇種ほどの動物がイラストで描かれ、英語表記が添えられている。その中の一つがトナカイだった。僕はそれを見てはじめて、トナカイがライオンやパンダ並みにポピュラーな動物の一つとされている、ということを知った。同時にトナカイを英語ではトナカイと呼ばないことにも気がついた。そこで授業中のやり取りに組み入れてみたのだ。

「トナカイは、英語ではレインディアやカリブーと呼ぶんだよ」

僕がこう言うと、学生たちからは、一様に「えーっ、知らない」という反応が返ってきた。では、トナカイというのは、何語が起源なのだろうか。実は、アイヌ語なのだ。トナカイという言葉は、江戸時代に樺太を探検した間宮林蔵《まみやりんぞう》によって紹介され日本語に取り入れられたものだという。トナカイは、北海道には生息していない。一方、サンタクロースの故郷のフィンランドに行かずとも、樺太に行けば見ることのできる動物だ。つまり、お隣の住人といったところ。過去にさかのぼれば、トナカイが「日本」の動物だった時代もある。大正十四年刊の『哺乳動物図解』（岸田久吉　農商務省農務局）を開くと、トナカイの項には「国内に在りては樺太に産し又家畜として家養するものすくなからず……」云々と書かれている。樺太の南半分が日本領だった時代に書かれた本なのである。なお、トナカイは家畜化されたシカという意味で、馴鹿とも書く。

トナカイは誰でも名前を知っている動物だけれども、こんなふうに、知らないことがある。これに気づいてもらったところで、さらに質問を続けた。

「じゃあ、トナカイの餌は？」

「草？」

そんな答えが返ってくる。

そこで、トナカイの餌の実物を見てもらう。白っぽい緑色をした、もじゃもじゃの塊。

「コケ？」

「モ？」

今度は、こんな答えが返ってくる。色は緑色っぽいし、なんだか葉っぱのようだが形がはっきりわかるわけではないから、コケの仲間かなと思う学生が一番多い。また、沖縄ではモズクをよく食べるので、形状からモズクを連想する学生は「モ」と思うようだ（モズクは茶色いけれど）。

もう一度、先に紹介した大正時代に刊行された図鑑に戻ってみよう。

「冬春の候には雪下なるツンドラ上に生える *Cladonia sanguigerinaa*（トナカイゴケ）などの地衣を食す。此地衣はゼラチンと澱粉に富み多少苦みを有すと云ふ」

こう書かれている。つまり、学生たちに回した「コケのような、モのようなもの」は、トナカイが餌とするトナカイゴケと呼ばれる地衣類なのだ。このトナカイゴケ、東京に行った折に、東急ハンズでジオラマなどに使う用途で売られていたものを購入したもの。ここで一言付け加えておくと、トナカイゴケの正式名称はハナゴケで、現在ハナゴケにあてられている学名は *Cladonia sreingiferina* となっている。なお、トナカイゴケの名は、トナカイが食べるからではなくて、姿がトナカイの角に似ているからであるという解説を読んだことがある。また、ハナゴケには似た種類もある。トナカイが食べるのは、ハナゴケだけでなく、ほかのハナゴケの仲間も含まれているだろう。本書では、厳密な意味でハナゴケを指すものとしてではなく、トナカイが食べるハナゴケの仲間の総称として、以下、トナカイゴケという名前を使いたい。

授業の中では、ここで、ようやく地衣類が登場したわけ。もっとも、トナカイゴケの説明に地衣類という名前を出したとしても、学生たちに「それは何？」と問い返されてしまうだろう。

「これはね、コケでもモでもなくて、キノコなんだよ」

「キノコ?·?·」

地衣類といってもわけがわからないだろうけれど、コケやモのように見えるトナカイゴケがキノコの仲間だと言われても、学生たちはやっぱりわけがわからないという顔をしている。

◉マツタケとトナカイゴケ

授業で、「知っているキノコは何?·」という質問をしてみた。

「マツタケ、シイタケ、エノキ、ブナシメジ、エリンギ、マイタケ、マッシュルーム……」

当然のことではあるが、学生たちから返ってきたのは、いずれもスーパーの店先で見かけるキノコたちの名前だった。しかし、スーパーの店先に並んでいるのは、キノコの中のほんの一部にすぎない。キノコにはもっといろいろな仲間がある。地衣類もまた、そうしたスーパーには並ばないキノコの一つだ。そして、地衣類はスーパーに並ばないだけでなく、一風「変わった」キノコでもある。では、地衣類はどんな点が変わっているのだろうか。

一本の瓶を取り出して、学生に見せた。中には透明な液体が入っている。北海道産のシラカバの樹液一〇〇％入りの瓶だ。

「どんな味がすると思う？」

「甘い？」

そこで、コップに小分けして飲んでもらう。

「あんまり味がしない」

「もっと甘いかと思ってた」

ちょっと期待外れ……といった面持ちだ。そこで、この樹液を試験管にとり、加熱をしてみる。すると、試験管内の液が、やがてうっすらと茶色くなる。焦げたのだ。すなわち、液の中には、炭水化物（糖）が入っている。こうした樹液を煮詰め、甘さを凝縮したものが、メイプルシロップなんだよと説明を加えた。こんな話をしたのは、地衣類の説明をする上で、光合成について押さえておく必要があると思ったからだ。

植物の光合成の働きについて、学生たちは中学や高校時代に学習済みだ。しかし、「光合成とはどんな働き？」と聞くと「なんか二酸化炭素を吸って酸素を出すみたいな……」といった、誤った認識に基づく答えがしばしば返される。光合成とは、太陽のエネルギーを使って、二酸化炭素と水から炭水化物（糖）を合成する（その余剰として酸素が排出される）という働きのこと。だから、樹液の中に糖分が含まれているんだよ……というのを示してみたわけ。

「今度の瓶の中身は何だと思う？」

そう言って、別の褐色の小瓶の蓋をはずし、学生たちの席を回って、中の液体の匂いを嗅いでもらった。

「何？　これ？」

「嗅いだことある？？」

「バニラエッセンスみたいな瓶に入っているけど」

「これ、だめ」

「私は好きだな」

等々。

今度は、マツタケエッセンスの匂いを嗅いでもらった。沖縄にはマツタケは自生していない。そのため沖縄出身の学生たちにとって、マツタケもマツタケの匂いも馴染みがないものなのだ。

シラカバの樹液に続いてマツタケの匂いを嗅いでもらったのはなぜか？

「マツタケは知っているよね。値段が高いというのも聞いたことがあると思う。なんで値段が高いんだろう？」

そう問うてから、「マツタケはシイタケのように人工栽培ができないキノコだから、高価となっているんだよ」と続けた。

キノコの中には、シイタケのように木材を分解することで栄養を得ているものも多い。いや、一般的には、キノコといえば、そうしたイメージが強いだろう。しかし、キノコの中には菌根共生《きんこん》によって栄養を得ているものも少なくない。菌根共生とは、その名のとおり菌糸と根を介しての菌類と植物の共生関係で、木や草の根の先端部に菌糸がとりついて一体化した構造物を作る。菌は土中に菌糸を張りめぐらせる。その菌糸が土中の栄養分を吸収し、菌はその栄養を共生相手である植物に受け渡す。その代わりに、植物は光合成によって得た炭水化物を菌類に与える。そうした共生関係である。マツタケもそうした菌根共生菌（菌根菌）の一つで、その共生相手がマツであるわけだ。

光合成をする生産者こそ、生態系の基盤だ。菌根菌は、その生産者と直接取引をして生きている生き物ということになる。

菌類の中には、光合成をする生産者と、別の仕組みの共生関係を生み出したものもある。それが生産者を取り込んでしまうというやり方だ。生産者を取り込むといっても、当然、木や草のような大型の植物を体内に取り込むことはできない。単細胞ながら、光合成をする能力のある藻類を体内に取り込むことで、藻類から光合成産物の炭水化物を得るしくみを獲得した菌類が、地衣類なのだ。

ちょっと突飛な感じがするかもしれないが、地衣類とはどんな生き物かを理解するには、サンゴを引き合いに出してみるといい。

沖縄には、沿岸域にサンゴ礁が発達している。サンゴはイソギンチャクなどと同じ仲間の動物だ。南の海でサンゴ礁を作り出す、造礁《ぞうしょう》サンゴと呼ばれるサンゴのグループは、体内に単細胞の藻類を共生させている。体内の藻類が光合成をし、造礁サンゴ自体はその産物の分け前をエネルギー源にしているのだ。だから、造礁サンゴは日光を遮蔽してしまう赤土汚染に弱い。地衣類は、この造礁サンゴと同じような生き方を選んだ菌類だということができるだろう。

マツタケとトナカイゴケではずいぶんと違った生き物同士に思える。しかし、菌類学者の中には、「菌根菌と植物の関係は、地衣類の裏返し」と表現する人もいるぐらい。菌と生産者（菌根菌なら植物、地衣類なら藻類）が密接な共生関係にあるのは、両者とも同じということなのだ。

トナカイゴケは、裏返しのマツタケ？　姿からは、なんとも想像できないことだけど。

ただし、両者が似通っている点は確かにある。それが放射性物質に関わることだ。

木材を分解する菌に比べ、菌根菌は放射性物質を取り込みやすい。菌根菌は樹木と共生関係にある。樹木から光合成産物をもらう代わりに、土中の栄養分を吸い上げ、樹木に提供している。そのため菌根菌は、地中浅くに菌糸を広げ栄養を集めている。これが結果として放射性物質までも集める結果を生むことになる。さらに、菌根菌はそもそも金属塩（放射性セシウムも金属だ）を取り込みやすい性質があるのだと、マツタケ研究者の小川真さんの『キノコは安全な食品か』という本には書かれている。

そして、地衣類もまた放射性物質を集める性質がある。地衣類には根っこがない。必要な栄養は雨水に溶けた成分に頼っている。そのため、空中に放射性物質が飛散すると、それが雨と一緒に地上に降り、地衣類に集積されてしまう。体内の藻類に光合成をさせ、その光合成産物を得て暮らす地衣類は、光を浴びやすいように、樹枝状やシート状の体のつくりをしている。つまり、生体量に比べ、表面積が大きい。それは、その分、空から降ってくる放射性物質を取り込みやすいことを意味している。

「キノコも地衣類も放射性物質や重金属の生きた蓄積者である」

地衣類の放射性物質による汚染に関する論文を探すと、こんなふうに書かれていたりする。

共生が「あだ」となる。

そんなことが起こるのだ。

そして、キノコや地衣類に蓄積された放射性物質は、キノコや地衣類を食べる動物がいる場合、その動物の体内に、より高濃度に蓄積されていく。生物濃縮と呼ばれる作用だ。

授業の中で、二〇一一年九月四日の『福島民報』を資料として配布した。そこには「セシウム基準値の五十六倍　棚倉のチチタケから検出」という記事が載っている。この記事の中には、「チチタケやマツタケ、ホンシメジ、コウタケなど菌根菌類の野生キノコを出荷、摂取しないように要請」という文章が見える。

放射性物質は、生態系全体を汚染し食物連鎖によって濃縮されていく恐ろしさがある。

地衣類にことよせて、僕はその話を、学生たちに伝えたかった。

●地衣類は菌類

ここで一度、授業から離れ、もう少し、地衣類自体について見ていくことにしよう。

地衣類は、見た目がずいぶん、普通のキノコと違っている。地衣類の仲間は、ウメノキゴケとかトナカイゴケとか、〇〇ゴケと名付けられているものが多いから、キノコというより、なんだかコケの仲間のようだ。

実は、地衣類がどんな生き物なのかについては、生物の分類学の中でも、かなり長い間、はっきりしてこなかったという歴史がある。

明治二十二（一八八九）年に出版された『隠花植物大意』（三好学　敬業社）を見てみる。

隠花植物という名称自体、馴染みがないかもしれない。

かつて、生き物は大きく、動物と植物に二分されていた。さらに植物は隠花植物と顕花植物に二分されていた。動物ではなく、花を咲かせないものは、すべて隠花植物に入れられていたわけだ。

さて、『隠花植物大意』では、隠花植物はまず、次の三つに分類されている。

羊歯類
蘚苔類
菌藻類

さらに、菌藻類は次のように五つにグループ分けされていて、その中の一つが地衣類だ。

菌類
地衣類
輪藻類
藻類
原微植物類

つまり、この時代、菌類や藻類とは別のグループとして、地衣類という独自の分類群があると考えられていたわけ。

ただし、同書には、以下のようにも書かれている。

「地衣類は、古来特別の植物なりとし、菌類及び藻類等とはさらに関係なき者と為せしが輓近の研究によれば、全く然らずして、一種類の菌等が、一種類の水藻に寄生して成れる複合体なることを知れり」そして、「両者相依りて生活するを以て、此状態を称して、特に共生と云ふ」とも書かれている。

近頃は「共生社会」なる言葉も耳にするようになったけれど、地衣類こそ、共生という言葉の元なのだ(僕も初めて知った)。

一九二一年にケンブリッジ大学で刊行されたA・L・スミスによる『地衣類』という本には、〝近代地衣学は一八六七年の地衣類は合体生物であるという学説の表明で始まった〟と書かれている。地衣類は菌類が藻類に寄生したもの……というのが、このときの学説の内容だった。その後、一八七九年に「菌が藻類に寄生している」という見方では、地衣類の中での藻類の健康的な様が説明できないとして、あらたに共生という用語が提案されたのだという。

ただ、地衣類を分類学的にどのように理解すればいいのかには、その後もまだ紆余曲折があった。たとえば昭和二十七（一九五二）年発行の『理科辞典』（平凡社）で地衣類を引くと、地衣類には以下の三つの考え方があるが、そのうち三番目が「定説となりつつある」と説明がなされている。

（1）藻類と菌類の共生説

この考えによると、地衣類は寄合世帯であるから、これに対して独立した分類学上の位置を与えることができず、藻類および菌類の付属として扱うべきものという説

（2）藻類寄生説

地衣類は菌体そのもので、これが藻類に寄生しているとみる考え。地衣類は菌類として分類すべきで、生殖器官の構造でそれぞれ分類する

（3）一つの独立した自然群

地衣類の構造は特殊で、他の菌類と異なる。また向日性である点も異なる。独自の分類体系をたてるべきである

僕にとって、地衣類というのが「わけがわからない」生き物に思えたのは、僕の世代だとまだ、こ

の考えの影響を受けていたからだ。だって、菌類と藻類が合体（共生）しているんだけど、独自の生き物とみなす……と言われても、菌類なの？　藻類なの？　という疑問が頭から離れない。たとえば地衣類を菌類と藻類を別々に分けたら、それぞれ別の名前の生き物になっちゃうの？　とか。

現在は、上記の説の（3）ではなく、（1）に近い考えがとられるようになった。つまり地衣類とは藻類と共生するという、「特殊な栄養法を獲得した菌類」（『地衣類の不思議』による）であるという考え方だ。これを知って、僕の地衣類へのもやもやした感じは、ずいぶんとすっきりした。地衣類は基本的に菌類なのだ。だから、地衣類の名前も、菌類に対してつけられたものだと考えればいい。こう考えると、たとえ共生関係をばらばらにしても、基本となっている菌類の名前は変わらないということになる。

◉キノコに見えないキノコ

学生の野外実習で、沖縄島北部に広がる、やんばるの森へ。昼飯を食べようと、森のきわにある公園に行くと、芝生の上にイシクラゲが生えているのが目にとまった。先の実習のバスの中で、スギモト君とモトキとのやり取りに登場した、陸生の藻類だ。芝生のあちこちに、暗い緑色をした、不定形のゼラチン質を思わせる塊が顔をのぞかせている。

「あー、これ、運動場とかに生えているやつ」

学生たちからそんな声が聞こえてくる。モトキに限らず、沖縄では、一般の学生にも案外、認知されているものなのだ。

「これって、食べられるの？」

そうも、聞かれる。モトキとのやり取りに書いたように、かつて沖縄では、イシクラゲを食べていた。ただし、食べるときは、ゴミをとるのが大変だったという話だ。しかも、とりたてて味があるわけでもない。消化に悪いという話も聞いた（イシクラゲを食べた後、野外でうんこをすると、その場所からまたイシクラゲが生えてくる……なんていう話も）。あんまり食欲がわく対象ではない。ちなみに、せっかくなので、イシクラゲを採集し、家に戻ってから食べる代わりに顕微鏡で見てみた。肉眼では不定形の塊にしか見えないが、顕微鏡で拡大すると、ゼラチン状の物質の中に、細長い糸状のものが散在しているのがわかる。さらに拡大すると、糸状の物体は、わずか直径三〜五ミクロンほどの丸っこい細胞が、一列にならんだものであることもわかる。これがイシクラゲの本体なのだ。つまり単細胞の藻類が一列に並んだ状態になり、この細胞が、周囲にゼラチン状の物

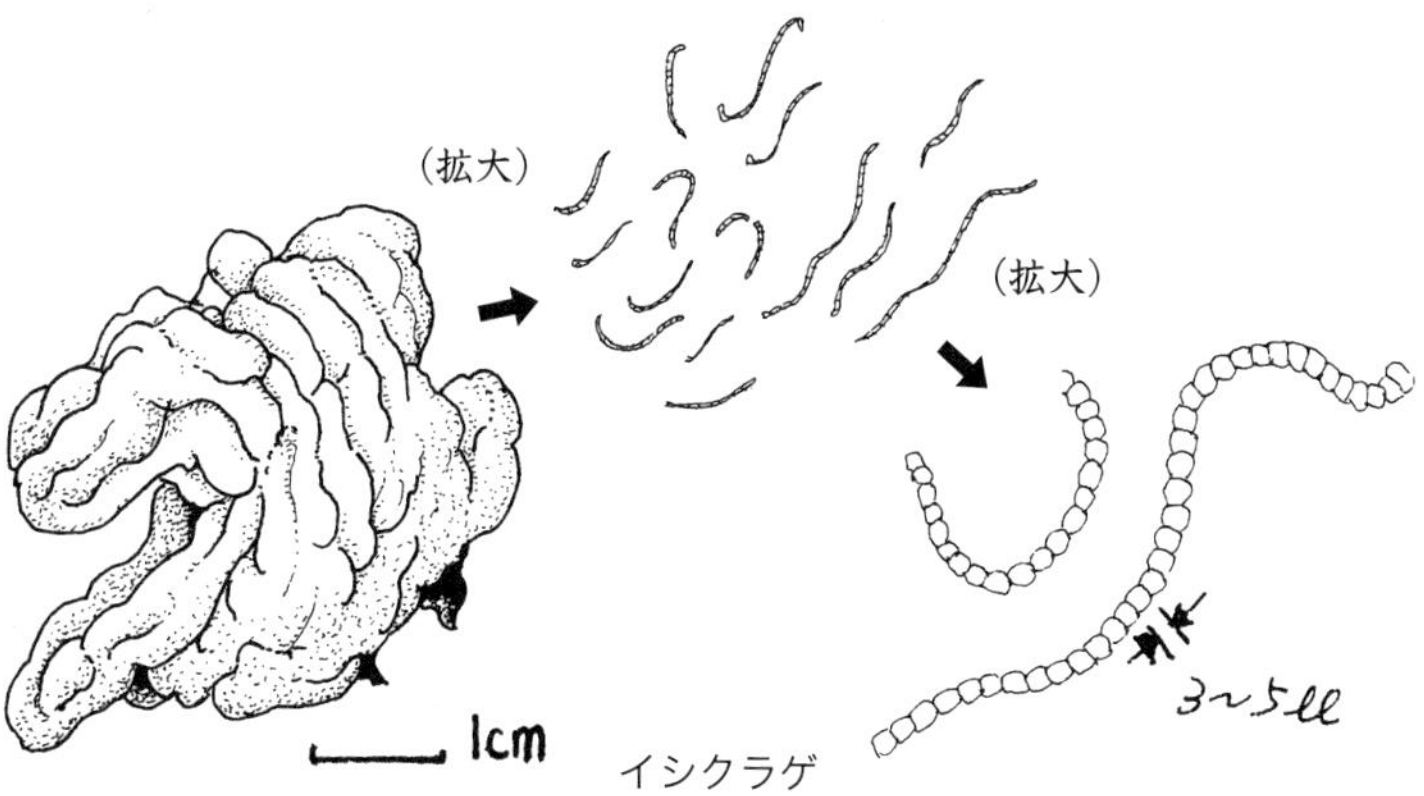

イシクラゲ
（シアノバクテリア）

質を分泌して、その中に埋まっている。これが集まって、不定形の塊になっているわけだ。このゼラチン状の物質に吸水性があるので、晴天時はかぴかぴで目立たないが、雨が降ると吸水、膨張し、目につくようになる。

さて、公園の周囲の木々に目を向けると、地衣類が生えているのも目にとまった。そこで、木の幹を指して、「これはキノコで、それも光合成をするキノコなんだよ」と地衣類の説明をしてみる。

「へーっ」

「模様じゃないの?」

「これが、キノコ?」

「この木にだけつくの?」

「これって、時間が経つと広がっていくの?」

学生たちは口々にそんなことを言う。正直、生き物に思えないのだ。

シイの樹幹には、緑というよりは黒に近い色をした立体的な地衣類も生えていた。

この日、スギモト君の地衣類話に食いついてきたモトキも参加していたのだが、モトキはこれを見て、「ワカメじゃないの?」と聞いてくる。確かに、ワカメ(ただし生のワカメは茶色いから、加熱加工したふえるワカメみたいなもの)を寄せ集めて木の幹に貼りつけたように見える。先のイシクラゲにも雰囲気が似ているところがある(実際、あとで調べてみたら、十八世紀のヨーロッパでは、これと似た姿をした地衣類がイシクラゲの仲間として発表されたこともあるという)。

残念ながら、このとき、僕自身の地衣類に対する知識が足りず、学生たちにそれ以上の説明をすることはできなかった。

木の模様やワカメに見えてしまう地衣類って、本当はどんな生き物なのか。

地衣類にもいろいろある。地衣類の本を見ると、地衣類は、生活型として次の三つのタイプに分けられるとある。生活型というのは、一般の植物でいうと、草や木、つるといったおおまかな姿で分ける分類方法で、系統（進化の歴史に基づくグループ分け。マメ科とかキク科といった分け方がこれにあたる）による分類とは異なるものだ。

（1）痂状地衣《かじょうちい》──平面的で、木の幹や石に模様のように貼りついているもの
（2）樹枝状地衣《じゅしじょうちい》──立体的で、木の枝のように分岐しているもの
（3）葉状地衣《ようじょうちい》──平面的〜立体的で、葉っぱのようなつくりが見てとれるもの

地衣類のことを知っていくときに、この三つの生活型の名称は覚えておくと便利だ。この本でも、これからしばしば登場することになる。

また、先の三つの生活型の分類以外に、葉状地衣のうち、水を吸うとふくらみ、乾くとペラペラになるゼラチンのような性質をもった地衣類を膠質《こうしつ》地衣と呼ぶこともある。この分類からすると、モト

キがワカメみたいと言っていた地衣類は、葉状地衣のうちの膠質地衣にあたる。

本土の場合、郊外に行けば、サクラやウメ、マツの木などでウメノキゴケの仲間を見つけることは難しくない。木の幹だけでなく、墓石などにくっついていることもある。大きさも手のひらサイズになるし、ボリューム的にも、目に入りやすい地衣類だ。

ためしに、もし手近にウメノキゴケが生えていたら、そのかけらをちぎってみよう。

表面は一様に灰色がかった緑色をしている。裏を返すと、茶色っぽい色をしている。キノコの場合、いわゆるキノコ型の傘の裏を返すと、ヒダが集まっていて、ここから胞子が放出される。ウメノキゴケの場合、キノコと言われても、どこがどうキノコなのか、見当もつかないかもしれない。名前からして、コケとついているし。

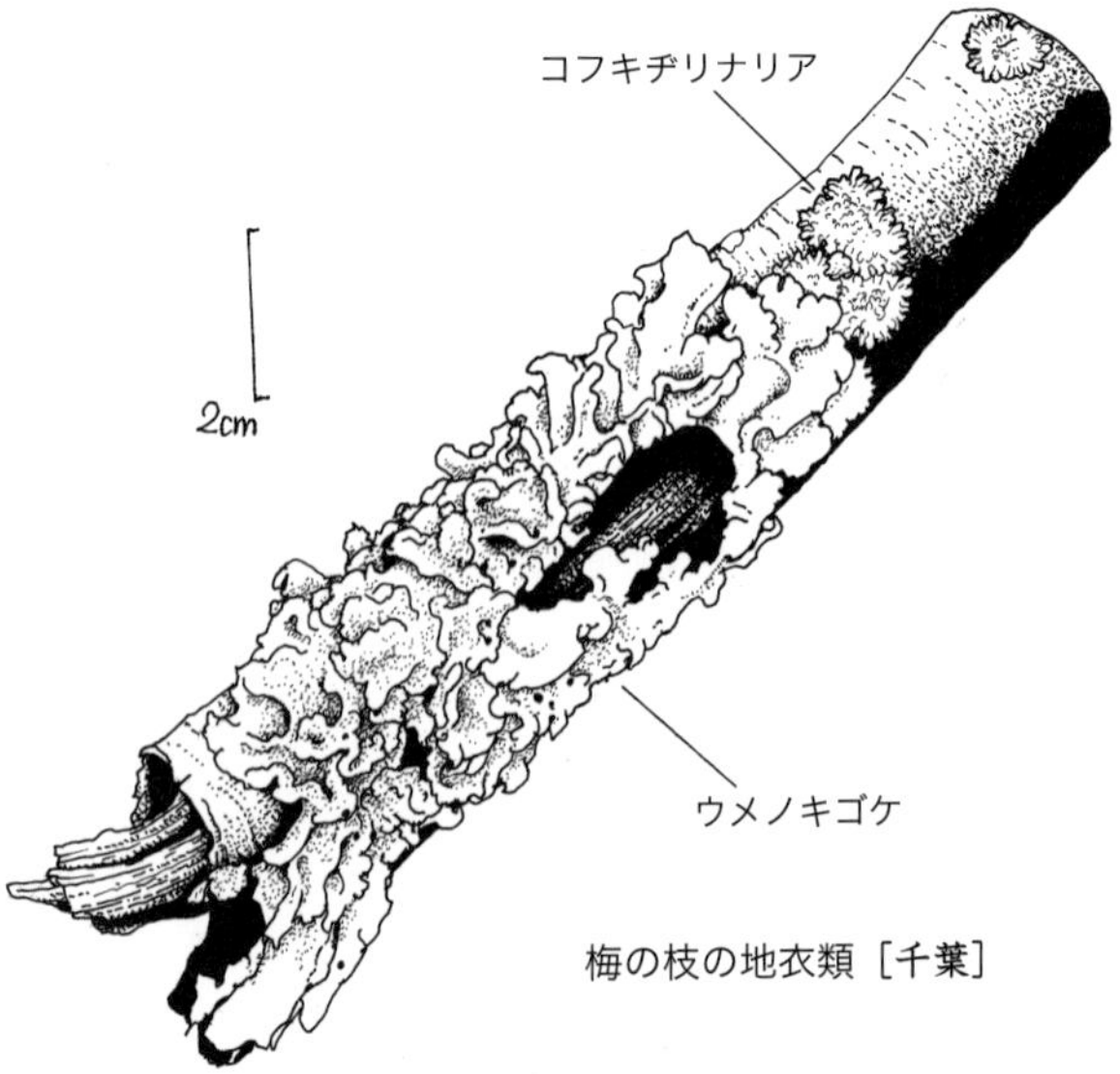

梅の枝の地衣類［千葉］

地衣類の生活型

★子器（胞子を放出するところ）もいろいろな形がある

子器（皿状）
地衣体は葉のようなつくりをなしている
アオキノリ

葉状《ようじょう》地衣

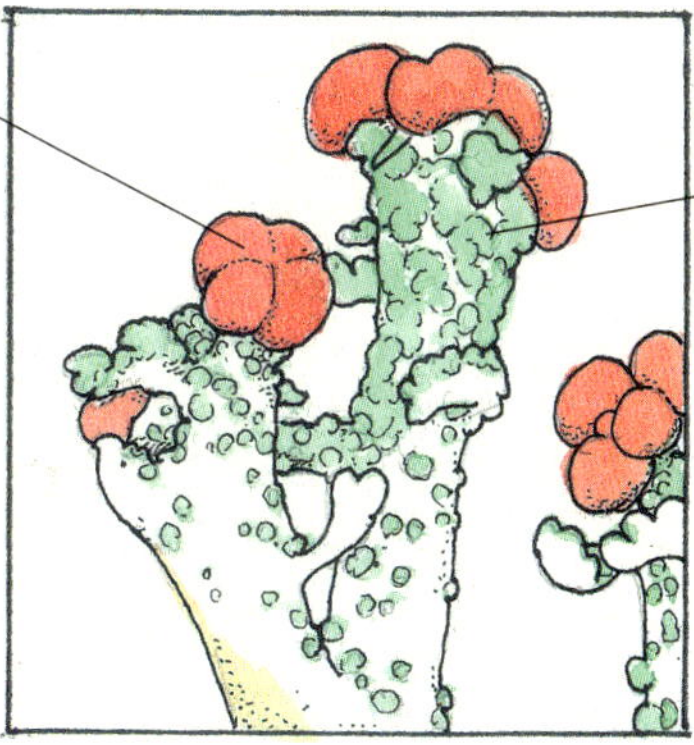
子器（塊状）
地衣体は木の枝のように立体的
コアカミゴケ

樹枝状《じゅしじょう》地衣

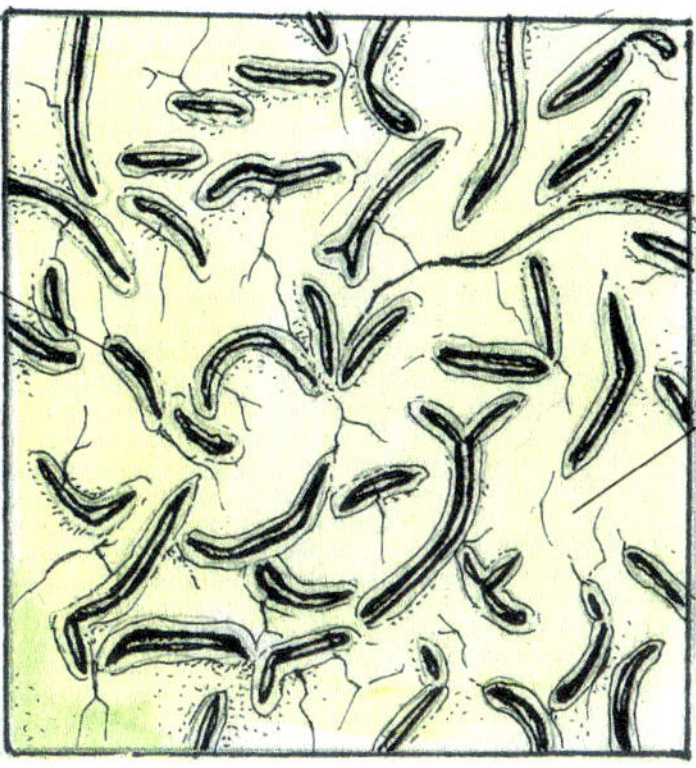
子器（線状）
地衣体はシートのようにぴったりと基物表面を覆う
ホソモジゴケ

痂状《かじょう》地衣

葉状地衣の代表
ウメノキゴケと
その仲間

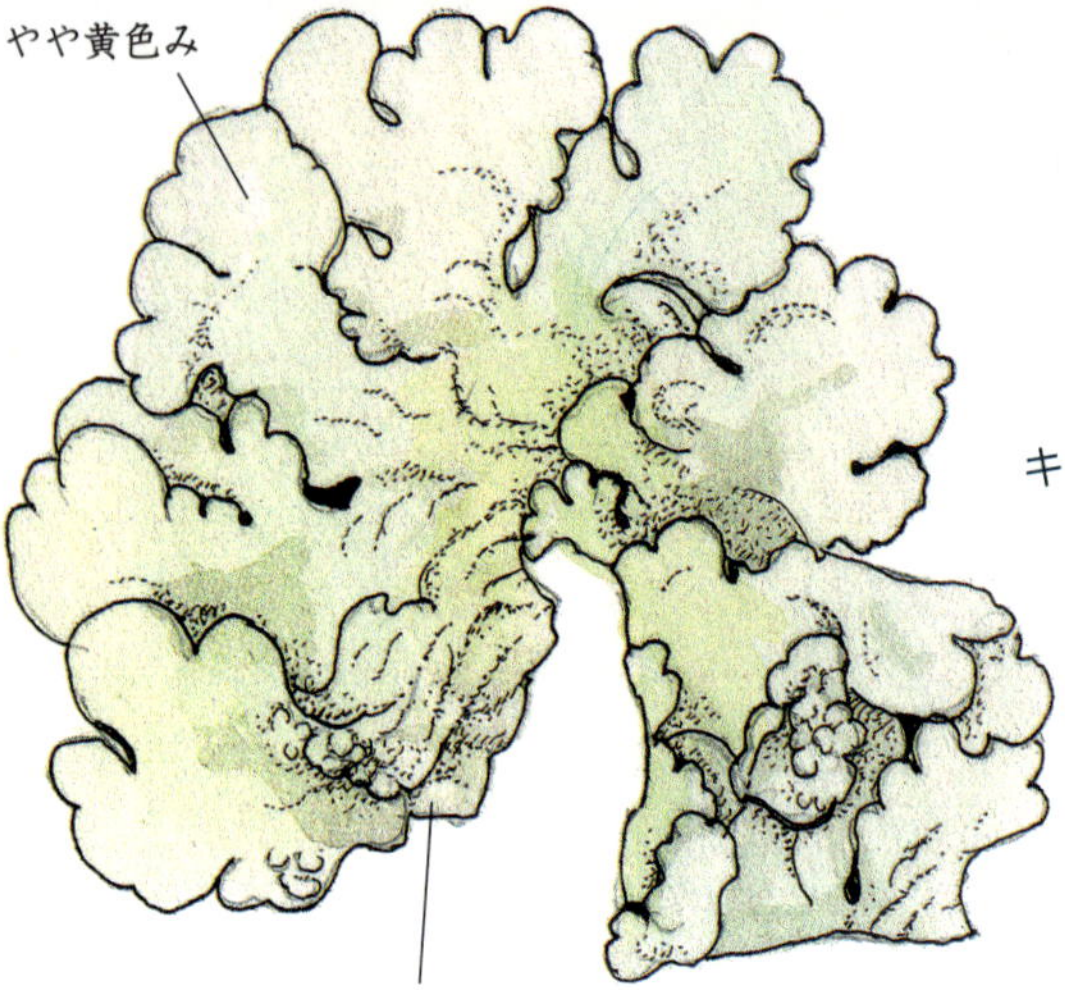

キウメノキゴケ

（裏）

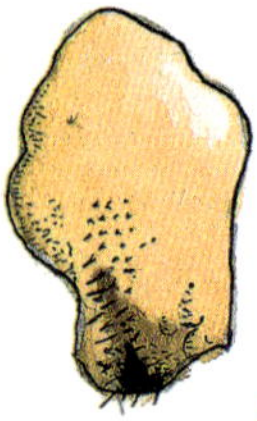

（裏）

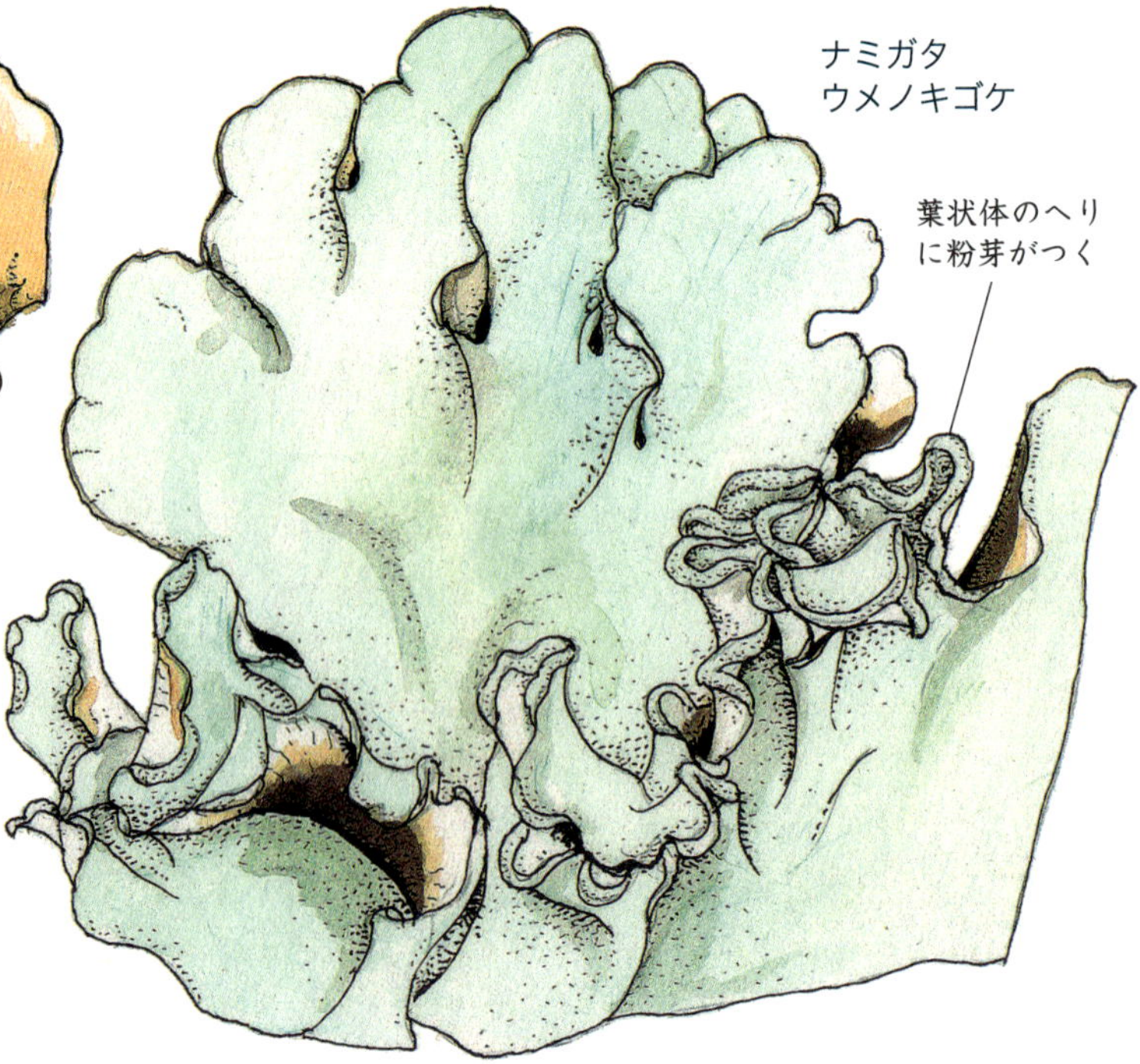

ナミガタ
ウメノキゴケ

葉状地衣

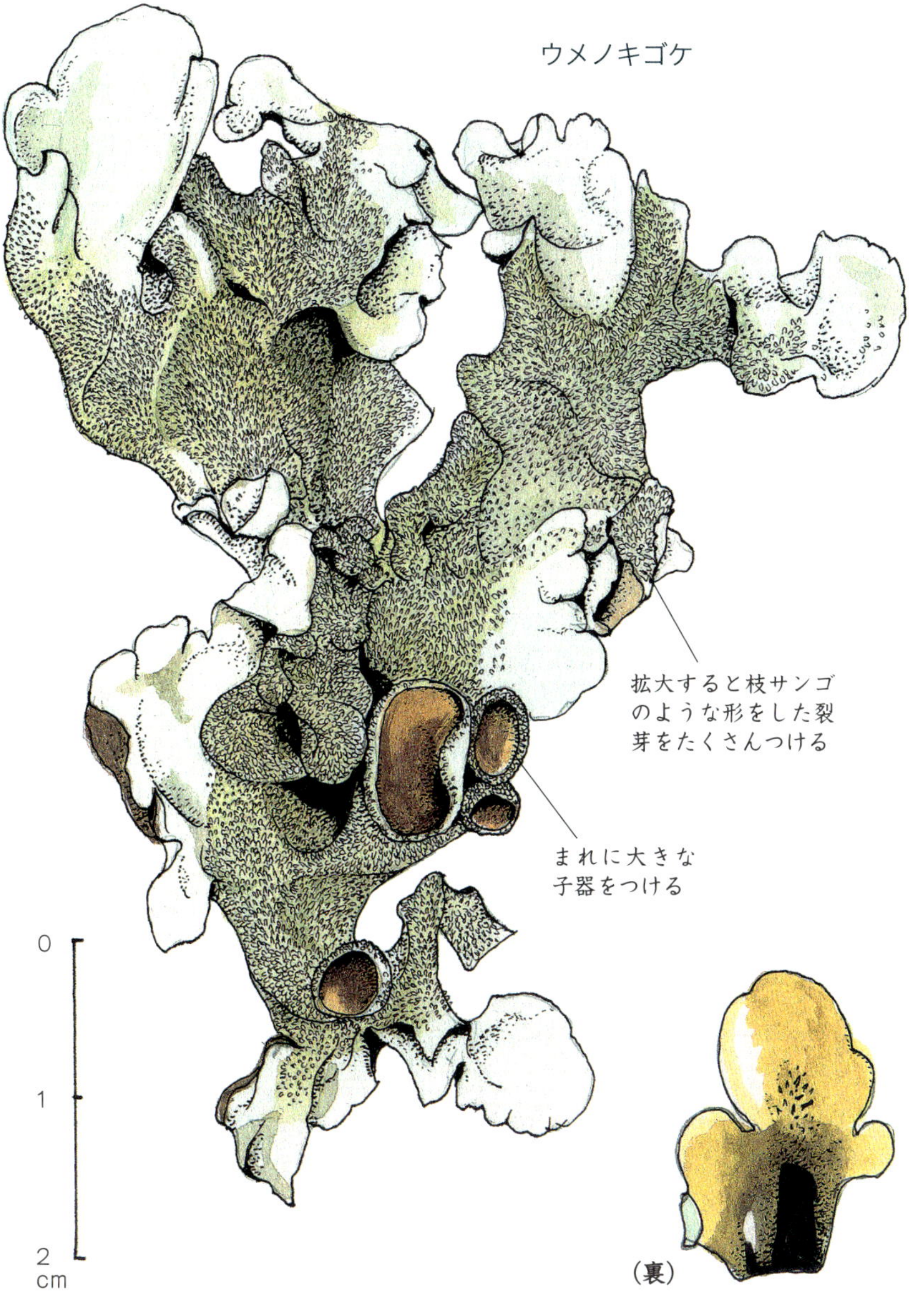

ウメノキゴケ
拡大すると枝サンゴのような形をした裂芽をたくさんつける
まれに大きな子器をつける
0
1
2
cm
（裏）

葉状地衣

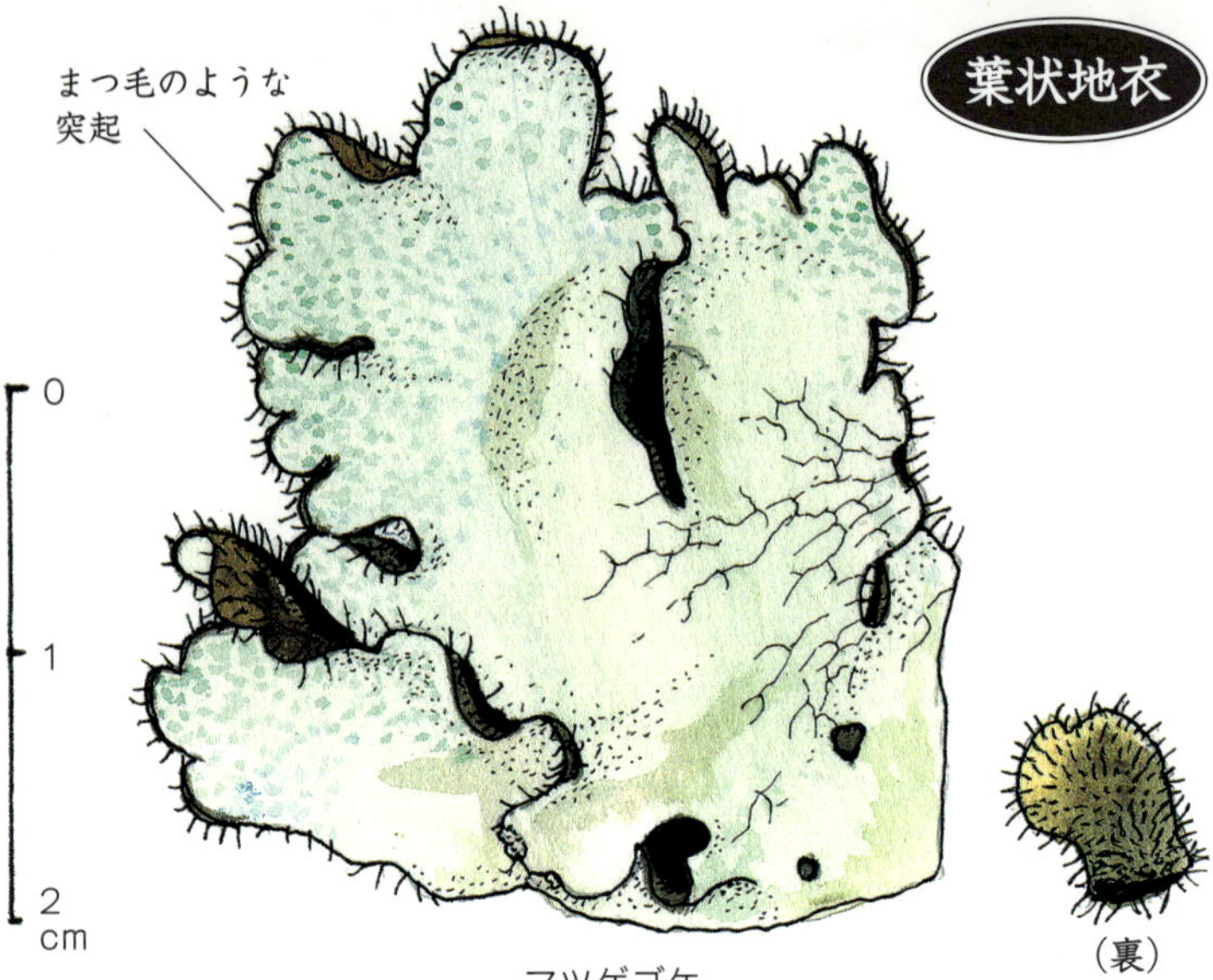

マツゲゴケ

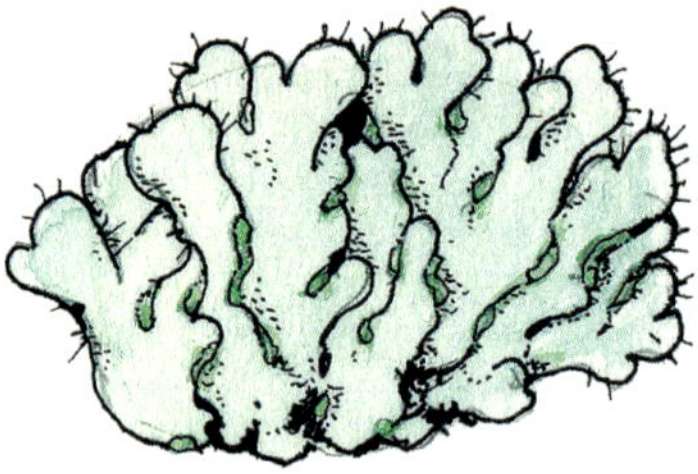

クロウラムカデゴケ

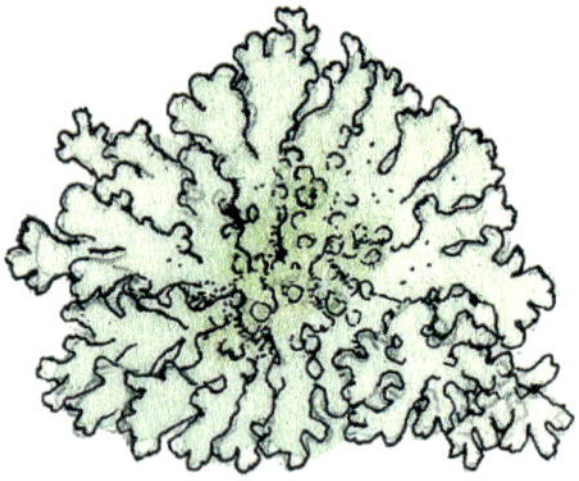

コフキヂリナリア

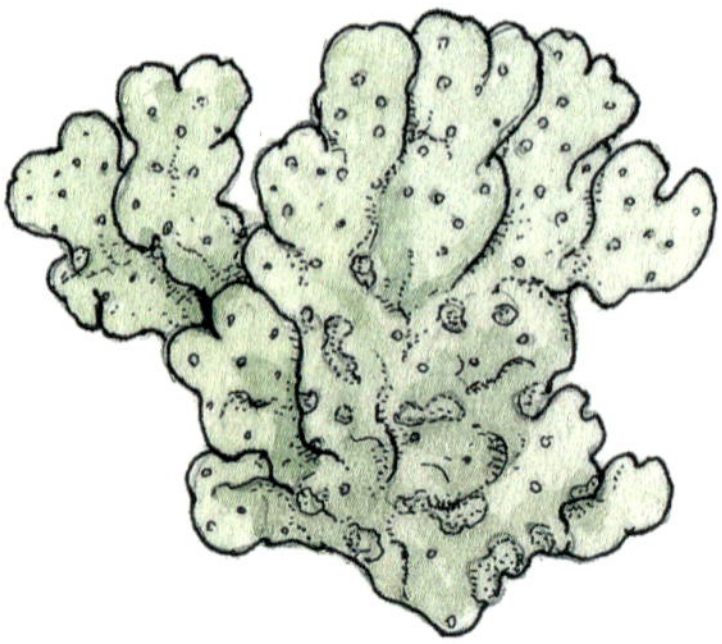

ハクテンゴケ

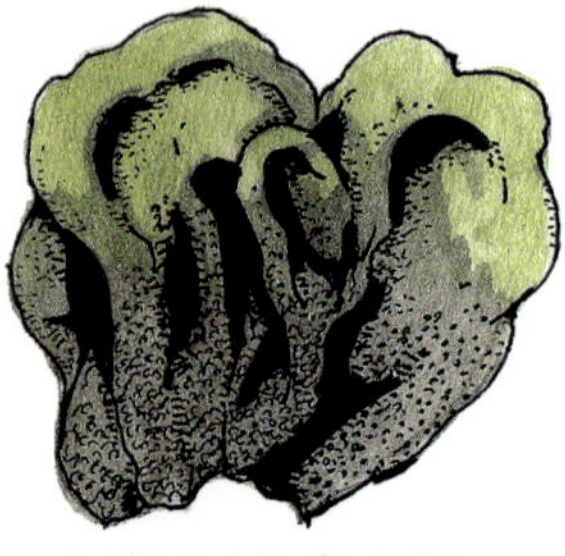

トゲカワホリゴケモドキ

シアノバクテリアと
共生する膠質地衣

葉状地衣の拡大

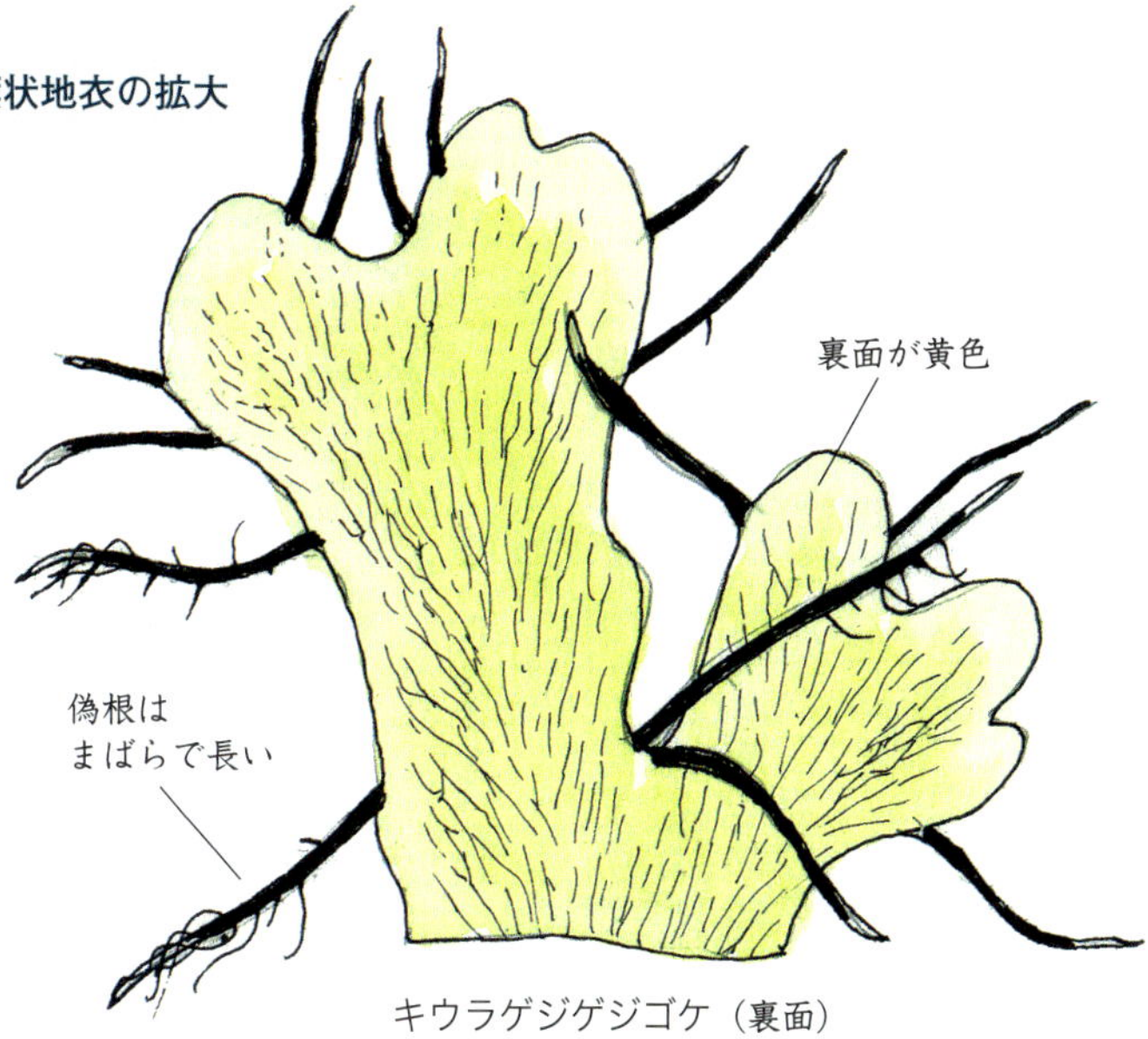

キウラゲジゲジゴケ（裏面）

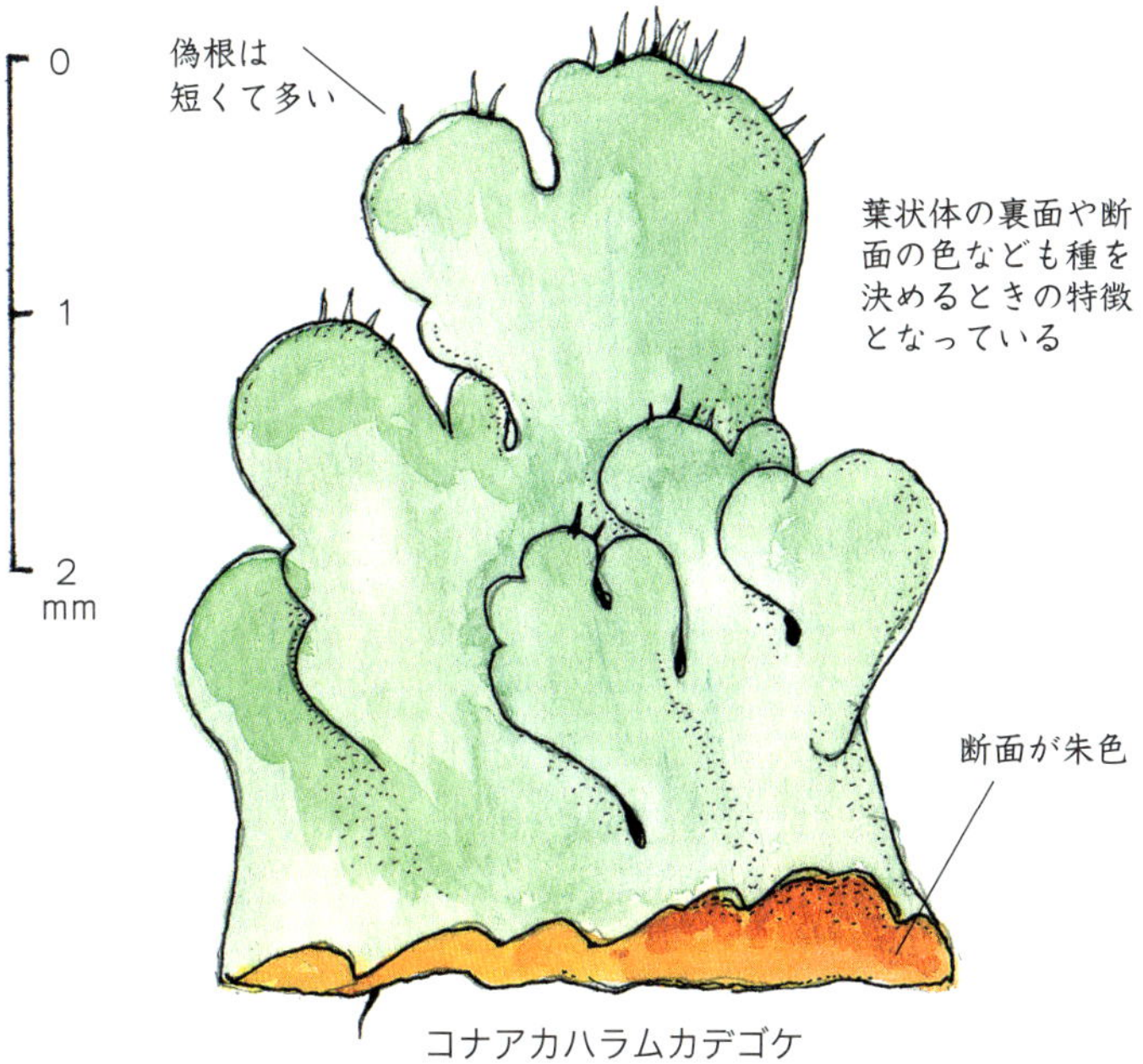

コナアカハラムカデゴケ

「コケ」：日本語の「コケ」（木毛）はさまざまなものを含んでいた

◉地衣類とコケの違い

ではここで、本当のコケと地衣類の違いを、はっきりさせておこう。

もともと、日本語で「コケ」というのは木毛と漢字で書くものだった。つまり、木の幹に生える毛のようなもの……というわけで、さまざまな生き物をひっくるめて「コケ」と呼んでいた。だから、今でも本来は菌類である地衣類にも○○コケという名がつけられているし、花をつける植物（モウセンゴケ）や、花をつけない植物であるシダ（クラマゴケ）にも、「コケ」と名がつく種類がある。やがて、明治期以降になると、西洋から博物学が導入され、生物の分類上、蘚苔類と呼ばれるものが、本当のコケと定義され直した。ただ、学生たちを見ていると、日常的な感覚では、いまだに地衣類や藻類も蘚苔類に含めて「コケ」と呼んでいるようだ。この本では、以下、こうした日常的な感覚で木毛的なものをひっくるめて呼ぶ場合は「コケ」とし、蘚苔類だけを特定する場合は、蘚苔類またはコケと表記することにする。

では、コケ（蘚苔類）と地衣類の違いは何かというのをもう少し見ていこう。このとき、地球上の生命の歴史に触れる必要がある。

地球上の生き物はすべて海が故郷だ。そして初期の生命は単細胞の生き物だった。すなわち、細菌の仲間にあたるものだ。やがて、細菌の中に、光合成をする能力を持つものが現れた。シアノバクテリアと呼ばれるものたちである。このシアノバクテリアが、光合成を盛んに行い、余剰産物として酸素を吐き出したおかげで、地球は酸素のあふれる惑星になった。

初期の生態系はすべて単細胞生物から成っていた。やがて、単細胞生物の中に、ほかの単細胞生物を取り込み、細胞内に共生させることで、より複雑な体制の単細胞生物へと進化したものが現れた。僕たちの体内の細胞には、エネルギーを生み出す細胞内小器官としてミトコンドリアと呼ばれるものがあるが、これは、もともとそうして細胞内に取り込まれた別の単細胞生物が起源だったと考えられている。同様に、シアノバクテリアを細胞内に取り込み、細胞内共生させることに成功したものが、植物と呼ばれる生き物の祖先である。一方、何回か登場しているイシクラゲは、いまだにほかの細胞に取り込まれることなく、単独で生き続けているシアノバクテリアの仲間で、陸上に進出するようになったものだ。

水中でシアノバクテリアを取り込んだ生き物は、一般には海藻と呼ばれる多細胞生物へと進化してゆく（ただし、藻類は実に多様で、進化の道筋も複雑だ。より詳しく言えば、ワカメやコンブは、アオサやノリなどとはかなり異なった進化の道筋をたどった藻類である）。やがて、藻類は地上への進出を試みる。地上へ進出した藻類は、藻類の中でも緑藻（アオサなど）の仲間だった。そして、最初に上陸を果たした植物の仲間が、蘚苔類となった。

僕らが子どものころは、生き物の世界は大きく、動物と植物に二分されると教えられた。キノコもコケも植物に分類されていた。ところが、最近の分類学では、キノコ（菌類）は、植物とは別のグループの生き物であり、さらにいえば植物よりも動物に近い仲間の生き物であるとされている。植物であるコケとは別に、あるとき、菌類は海中から陸上への進出を果たしたわけだ。学者によっては、藻類が上陸を果たすのに、菌類が大きな役割を担ったのではと考えている人もいる。先に少し触れたけれど、菌類の中には植物と菌根共生をするものがある。そうした菌根共生というしくみがあって初めて、植物は上陸が果たせたのではないかという考えだ。この考えだと、植物と菌類は手を取り合って上陸を果たしたことになる。

最初の陸上植物であるコケ（蘚苔類）は、まだ十分に陸上生活に適応しきった体をしていない。たとえば、普通に見かける草や木には、地中から水分や養分を吸い上げる根があるし、そうやって吸い上げた水分や養分を体の各所に運ぶ、維管束《いかんそく》と呼ばれる仕組みが備わっている。しかし、コケには根も維管束もない（仮根と呼ばれるものはある）。だからコケは、水分を体全体で吸収する。雨が降ったらコケはすぐにしっとりするが、逆に乾燥が続けば、ぱさぱさになる。こうした体制ではどうしてもある程度以上大きくはなれないし、乾燥した場所よりも湿気た場所の方が生活に適している。コケに日陰者のイメージがつきまとうのはこのためだ。それでも、コケは植物の一群である。細胞内に自前の葉緑体（さかのぼれば、シアノバクテリア由来ではあるが）を持っているし、葉と呼ばれる器官もある。

それに対して、地衣類は、藻類と共生関係を結ぶ菌類である。菌類は、菌糸と呼ばれる糸状の細胞が集まって体を作りあげている。たとえるなら、毛糸が菌糸だとすると、キノコは、毛糸で編んだセーターのようなものだ。ウメノキゴケをルーペで拡大しても、のっぺりとして見えるだろう。コケの持っている葉にあたる器官が見当たらない。これが、地衣類とコケとの大きな違いだ。

ためしにウメノキゴケを薄くカットして、拡大して見てみることにしよう。手のひらサイズのウメノキゴケも、厚さはぺらぺらで、〇・二ミリほどしかない。その薄いシートの断面を拡大して見ると、上下に白い組織があり、中に緑色の組織がサンドイッチされているのが見てとれる。白い組織は上面の方がごく薄く、緑色の組織の下にあたる部分の方が厚くなっている。この緑の組織が、地衣類の中に共生している単細胞の藻類の集合体だ。その上下の白い組織が、菌本体にあたるわけだ。藻類は通常、水中生活を送る生き物である。そのため、菌類が覆いを作ることで、陸上でも藻類が生活できる空間が確保される（これが藻類にとってのメリット）。菌類はその見返りに藻類から光合成産物を受け取っている（これが菌類にとってのメリット）。地衣類の藻類と菌類が共生関係であると言われるゆえんである。

地衣類と共生関係を結ぶ藻類には、大きく二つのグループがある。

一つがシアノバクテリア。

もう一つが単細胞の緑藻類だ（ただ、厳密にいうと、褐藻や黄緑藻といった他の藻類を共生相手にしている地衣類もごくわずか存在する）。

陸生のシアノバクテリアであるイシクラゲは暗い緑をしていたが、このシアノバクテリアを共生させている地衣類も、色は黒みがかった緑色になる（ほとんど黒に見えることもある）。学生との野外実習でシイの木に生え

ていた、ワカメのような膠質《こうしつ》地衣は、このシアノバクテリアを共生させた地衣だったわけ。ただ、ブロードらによる『北米の地衣類』という本の中には、〝同じ菌がライフサイクルの中で、ときどき緑藻と共生し、ときどきシアノバクテリアと共生することが報告された。結果として、同じ菌が地衣化したものでも、両者の外見が異なるため、別の種類として扱われ名前までつけられているものがある〟といった例が紹介されている。

地衣類は、造礁サンゴのように藻類を共生させるという暮らしを選んだ特殊な菌類。そう考えると、地衣類というものが、ずいぶんすっきり捉えられるようになったと書いたけれど、共生相手によって、別の名前がつけられるほど姿が変わるとは……。やっぱり、地衣類は一筋縄ではいかないところがある。

◉菌類の二大グループ

「このキノコ、キノコっていっても傘型してないよ」

学生から、そんな質問をされたことがある。キノコといえば傘型……というのが、真っ先に頭に浮かぶイメージ。それからすると、地衣類も、全然キノコっぽくない。しかし、すべてのキノコが、傘型をしているわけではない。

一般にキノコといって思い浮かべる傘型の部分は、胞子を分散させるための器官だ。菌類の一生の始まりは、胞子と呼ばれる、ごく小さな細胞である。胞子はやがて発芽し、細長い菌糸が伸びだす。菌類の種類によっていろいろだけれど、たとえば落ち葉を分解する菌ならば、落ち葉の積もった土中に菌糸を伸ばして落ち葉を分解し、その栄養でさらに菌糸を成長させていくという暮らしを送る。つまり、普段は地中にあって人の目に触れず、また大きさも一本一本は顕微鏡サイズである菌糸こそ、菌類の本体だ。その菌糸が十分に成長し、ちょうどいい季節になったところで、キノコが地上に姿を現す。いや、そうして目についたものを僕たちはキノコと呼んできたわけ（生物学上は、この胞子を散布する器官を子実体《しじつたい》と呼ぶ）。菌類の種類によっては、人目にとまらないようなサイズの子実体しか作らないものもあるし、めったに子実体を作らないものもある。

地衣類が普通の菌類と違っているのは、普通の菌類では生活史のほとんどの間、菌糸が人の目に触れないような状態で存在しているのに対し（子実体を形作ったときだけ目に入る）、地衣類の場合は、菌糸のかたまりがいつでも人の目につくところに存在する点にある。地衣類は光合成をする藻類を共生させているのだから、地中に潜んでいるわけにはいかないので当然の話だ。この地衣類の本体を地衣体《ちいたい》と呼ぶ。ただし、地衣類も菌類の仲間だから、基本は胞子で増えていく。地衣類の胞子をつける器官は、一般のキノコの子実体のようなものの場合もあるけれど、たいていの地衣類は、地衣体のところどころに、ごく小さな胞子をつける器官（子器《しき》）を作る。

地衣類について理解するために、もう一つ、どうしても知っておくべきことがある。それが菌類には、担子菌《たんしきん》と子嚢菌《しのうきん》と呼ばれる二大グループがあるということだ。

マツタケ、シイタケなど、食卓に上るキノコは、みな担子菌だ。食卓に上がらなくても、野山で見かける傘型をしているキノコ（子実体）は担子菌と思っていい。

子嚢菌は、担子菌に比べると、あまり馴染みのないグループだろう。子嚢菌の子実体は、傘型ではなく、棍棒状をしていたりする（先に学生が、傘型をしていないのに……と言ったのは、僕が子嚢菌を紹介していたときのことだった）。

ちなみに、僕はキノコ屋のはじっこにも籍を置いているが、僕が専門に追いかけているのが子嚢菌に含まれる、冬虫夏草《とうちゅうかそう》と呼ばれる昆虫寄生菌の仲間だ。冬虫夏草は漢方にもなるから、名前だけは聞いたことがある人も多いだろう。しかし、実際に野外でその姿を見たことがある人は限られているかもしれない。冬虫夏草はとりつく虫もいろいろあって、色や形もさまざまだが、その子実体はやはり傘型はしていなくて、棒状だったり（サナギタケなど）、長い柄の先に丸い頭部がついているものだったり（オオセミタケなど）する。

子嚢菌の中で、冬虫夏草よりも野外で目にとまりやすいものといったら、お茶碗のような形をしたチャワンタケの仲間や、編笠をかぶったようなアミガサタケの仲間（食用になるものがある）だろうか。

●特殊な暮らしを選んだ菌

さて、では地衣類とは、この担子菌、子嚢菌のどちらに含まれるのだろうか。その答えは「両方」。この「両方」という答えが、これまた、地衣類というものが一筋縄ではいかないところだ。

日本語で書かれた地衣類の手ごろな教科書が見当たらないので、やむなく英語で書かれたナッシュの『地衣類生物学』を紐解いてみる。

〝地衣類は今のところ世界に一万三五〇〇〜一万七〇〇〇種ほどあると考えられている〟

こうある。このうちのほとんどが子嚢菌で、地衣類の中で担子菌に属しているのはわずか〇・四％（五〇種）とも書かれている。

〝子嚢菌のうち四二％の種類が地衣類である。それらはすべてペチザ亜門というグループに属しているが、ペチザ亜門に含まれる五十二目のうち十五目が地衣類を含んでいる。また、そのうち五目は地衣類のみからなる目である〟

こうもある。

つまり、地衣類とは菌類の中で、「ある系統的にまとまったグループを呼ぶ名」ではないということだ。地衣類とは菌類の中で、「ある特殊な暮らしを選んだものを呼ぶ名」なのである。

そのため、『地衣類生物学』には、「地衣化」という用語が登場する。菌類の中で、藻類を共生させることで栄養を得る生き方を、地衣化と呼ぶ。さまざまなグループの菌類の中で、地衣化している菌がいる。ただし、地衣化した菌は、圧倒的に子嚢菌の仲間に多い。こういうことだ。担子菌の中にも地衣化したものがわずかにあるが、そうしたものの中には、地衣体から、まんまキノコ型の子実体を伸ばすものもある。

『地衣類生物学』を読んでいたら、有名なイギリスの科学雑誌『ネイチャー』に発表された論文の内容が紹介されていて、その内容を読んで、また、うーむ。

〝地衣化の獲得は、考えられていたより、子嚢菌の進化の中でそれほどしばしば起こらなかった〟

子嚢菌と担子菌両方に、地衣類が見られるということは、独自にそれぞれのグループの中で地衣化が起こったことを示している。子嚢菌の中にも、地衣化した菌とそうでない菌があるのだけれど、これは子嚢菌の中で、独自に何回も地衣化が起こったわけではない……と書いてあるのだ。どういう意味？

〝地衣共生は何度も失われた。その結果、非地衣の子嚢菌……たとえばEurotimycetidaeのようなものが、地衣化していた先祖から出現した〟

こう書かれている。

ええええっ？

Eurotimycetidaeというのは、一般には聞きなれないかもしれないけれど、アオカビやコウジカビを含む菌の仲間なのだ。アオカビの仲間からは医薬品（ペニシリン）が作られる。コウジカビの仲間は、もちろん日本酒などの製造に欠かせない。こうした生活に関わる菌が、もともとは地衣類だったなんて。

一方、別の論文では、種類数が少ない担子菌に属している地衣類には、三つの系統があると書かれている（つまり、三回、独立して、地衣化が起こったということ）。一つのグループは、小さな細長い子実体を作るシラウオタケの仲間。もう一つがマッシュルームやヒラタケに近縁の仲間。最後の一つがスエヒロタケに近縁の仲間（ガンガスらによる）。担子菌地衣は、種類は少ないながらも、内実は多様ということになる。

◉地衣類を食べる

「キノコの仲間なら、食べられるの？」

学生たちに地衣類は菌類なんだと言うと、そんなことを必ず聞かれる。

地衣類と人との関わりは、僕も興味がある。先にアオカビやコウジカビも先祖をたどると地衣類だったという話を紹介した。非地衣化しているとはいえ、地衣化した菌の親戚筋は、僕らの生活になくてはならないものだ。では、地衣化した菌そのもので、人間との関わりがあるのは、どういったものだろう。また、どんな関わりがあるのだろう。そこで、あれこれ調べてみた。

前出のスミスの『地衣類』（一九二一年）を見てみる。

〝エイランタイ〔注：アイスランドゴケという意味の名を持つ樹枝状地衣〕はアイスランド人によって、大量に蓄えられ食糧として使われる。地衣は本当のデンプンもセルロースも含まない。しかし菌糸の細胞膜に食用となる物質が含まれる。収穫された地衣は乾燥後、製粉される。必要時に、粉は二十四時間水でもどされ、また弱いソーダ溶液にひたされ、苦みをもつセトラール酸がすっかり除去されるようにする。煮るとゼリー状物質が生じる。これは簡単な、消化によいスープとなる。ミルクと茹でたものは、消化不良の人などへの特別食となる。また、ジョンソンの報告によると、エイランタイはかつて、かなりの量、「海のビスケット」に使用されたという〟

「海のビスケット」というのは帆船航海時代、長い船旅の間、船員の主食となった小麦粉で作られた堅焼きのパンのようなものだ。これにエイランタイの粉を混ぜると、純粋に小麦粉だけのものより、害虫のコクゾウムシがわきにくいのだそうだ。「へえーっ」と思ったのは、少年時代に読んだ帆船時代の海事小説の中に、主人公が海のビスケットをとんとんと机にたたきつけて、コクゾウムシを払い落として食べる……というシーンが出てきたのを思い出したからだ。

ちなみに、蜂須賀の『世界の涯』にはアイスランドでの鳥類採集旅行が描かれているが、その中に、アイスランドゴケはおろか、地衣類は全く登場しない。鳥屋の蜂須賀の世界では、地衣類は境界線上ではなく、境界線の向こう側、「見えないもの」としてあったのだろうか。

『地衣類』の記述に戻る。

アイスランドのエイランタイに続いて、エジプトやインドでの地衣類の食用利用についても紹介されている。インドではウメノキゴケの仲間を、ラプタまたは「石の花」という名で食料にすると書かれている。使用するのは、カレーの素材としてだ。

地衣類カレー？

これにも、いたく興味をかき立てられてしまう。そこで、再び脱線し、もう少し調べてみた。

インターネットの情報によると、インドの中でもウメノキゴケの仲間をスパイスとしてカレーに使うのは、南インドのタミル・ナードゥ州内にあるチェティナドゥと呼ばれる地方の料理なのだそうだ。ここでは、ウメノキゴケの仲間をカルパシと呼んで、これをチキンカレーに入れるという（日本でも東京にカルパシというカレーの名店があり、店内にカルパシの干物も展示してあるらしい）。

『地衣類』に、また戻る。

聖書に登場するマナ（マンナ）についても触れられている。

〝砂漠に生えるチャシブゴケ属の地衣類が、聖書に登場する、イスラエル人が砂漠でマナとして与えられたものである。砂漠の民によって、地衣類の重さの三倍の穀物と混ぜ、パンに作られ食べられた。北アフリカや西アジアの各地で岩上や土の上に豊富に生育し、また風によって簡単にひきはがされ、山状に積み重ねられる。この地衣は小さなマメからナッツほどの大きさの不定形のゆがんだ塊である〟

ただし、一〇〇％地衣だけで作ったパンはもろく砕けやすいし、栄養価も大変低く、飢饉のときの食料としてのみ価値があるとも書かれている。

『地衣類』の食用としての利用の紹介には、日本も登場する。

〝日本で利用されるのはイワタケで、木曽、日光、キマノ（どこ？）などの山に特に豊富である。乾燥させたものは街に送られ、すべての八百屋で売られている（そこまでメジャーではないと思うが）。また、幾分かは他国へ輸出される。この地衣には苦みがない。この属のほかの種類のように刺激性もない。無毒どころか快適な風味のため、日本人に好まれた。ただ、幾分、消化しにくい点がある〟

このように書かれている。僕は長らく埼玉の飯能という町で教員をしていたが、イワタケは飯能から電車で一時間ほどの距離にある秩父地方でも名産の一つだった。うすく衣をつけててんぷらにしたり、酢の物にしたりして食べるのではないかと思うのだが、どちらかというと高級品のイメージだ。

そのため、残念ながら、まだ食べたことがない。そこで、知り合いのキノコ屋に聞いてみたら「山奥の民宿で一回だけ酢味噌和えが出たので食べたことがありますが、めっちゃおいしいものではありませんでした」という話だった。

『地衣類』の中では、イワタケは「イワタケ」とわざわざ日本名が紹介されている。同じように、アメリカで出版されている『北米の地衣類』の中でも、人間と地衣類との関わりの解説の中に、日本では「イワタケ」を食べると紹介がなされている。こうしてみると、イワタケを食べるのは、世界的には結構奇習なのかもしれない。おいしいかどうかは別として、やはり、どこかで口にしないと。

『北米の地衣類』では、北米ではイワタケの仲間のロックトライプ（岩の上の牛の胃袋の意味。イワタケの仲間は外見が牛の胃袋に似ていることから）の苦みを取り除いたものが、救荒食として利用されたという話が出てくる。極地探検に出かけた、かのフランクリン隊も口にしたそう。ただし、〝生の地衣は利用できるデンプンとタンパクに乏しく、胃を満たしても、ほんのわずかしか栄養を与えないものだが、飢え死にしそうなときは重要であろう〟とあって、結構な言われようだ。

地衣類は消化しにくい。栄養的にも不十分。

だから……と、『北米の地衣類』にある。

北米の先住民は、殺したトナカイの胃袋から、部分的に消化した地衣類（主にトナカイゴケの仲間）を食べた……と。

〝胃袋の中身と生の魚卵の混合物は好ましい一品とみなされ「胃袋のアイスクリーム」と呼ばれた〟とある。

こうしてみると、トナカイゴケを食べて生きていくことのできるトナカイとは、かなりすごい動物ではあるまいか。

◉暮らしに役立つ地衣

地衣類の食材利用を阻んでいるのは、消化のしにくさに加え、種類によっては苦みなどもあるからだ。地衣類は地衣成分という化学物質を体内に蓄積している。これが苦みの原因だ。

以前、地衣類ではなく、蘚苔類（コケ）に興味を持って追いかけていたことがある。そのきっかけは、コケ屋さんから「コケはまずい」という話を聞いたことだった。そもそもコケを食べるなんていうことを考えたこともなかったけれど、口にしてみると、確かにまずい。種類にもよるが、ゼニゴケとかは尋常ではないくらいまずい。あらゆる食材を利用することで有名（イシクラゲの仲間も髪菜の名前で利用されるし、ほかの一部の地衣も食材とされている）な中国料理でも、コケを食材にしたものはない。食べにくさでいえば、コケの方が、地衣類より一枚上だ。なぜ、コケはまずいのだろう。

コケ（蘚苔類）は最初に上陸に成功した植物だと書いた。つまり、地上にあがってからの歴史が一番古い。その分、後から上陸してきた動物たちの脅威にさらされている。古い体のつくりを保持しているコケには根も維管束もなくて体全体が小さいし、硬くもない。そうしたコケが生きながらえるためには、化学物質による防御が必要だったのだろう。

むき出しの状態（日光を浴びる必要があるわけだから）で生育する地衣類にも同じことがいえそうだ。

簡単に食べられてしまったら、生き延びていくことが難しい。加えて、体内の化学成分は、寄生的な菌類から身を守るとか、生育場所へのほかの地衣類の侵入を拒むといった意味もあるのかもしれない。特殊な地衣成分を持つ地衣類は、毒として利用されることもあったと、『北米の地衣類』には書かれている。

〝ウルフライケン〔注：オオカミの地衣と呼ばれるナヨナヨサガリゴケ属の地衣など〕は有毒な明るい黄色の色素を含み、スカンジナビアではオオカミへの毒として使われた。地衣はトナカイの血やほかの肉や、しばしば地面に生えている草と混ぜられ、さまざまな餌に加えられた、不運にもオオカミがこのような調合物を食べると、少なくとも二十四時間以内に死ぬと報告された〟

地衣類の中には単にまずいだけでなく、食べてはいけないものもあるのだ。

先のエイランタイの食材利用の説明にあった、苦みの元になるセトラール酸というのも、地衣成分の一つだ。スミスの『地衣類』にはセトラール酸とあるが、『原色 日本地衣植物図鑑』（一九七四年）を見ると、エイランタイの持っている地衣成分はフマールプロテセトラール酸であると書いてある。ただしこれはヨーロッパ産のものに含まれているもので、日本のエイランタイにはこの成分が含まれていないのだそう。

地衣成分は地衣を食べようとする動物には毒として働くのだろうが、毒というのは、場合によっては薬になるものでもある。ヨーロッパ産のエイランタイの苦み成分（フマールプロテセトラール酸）も民間の健胃剤として利用されたと『原色 日本地衣植物図鑑』には書かれている。

国際アンデルセン賞を受賞している上橋菜穂子さんの『鹿の王』という小説は、架空の世界を舞台にしているものだけれど、設定の中で、地衣類が重要な位置を占めていて、薬としての利用もたびたび登場する。ただし、読んでいて、あんまりぴんとこない。というのも、日常、地衣類を薬用として利用することがあまりないからだ（薬用としてよく利用することがあったら、地衣類に、もうちょっと知名度があったのではないだろうか）。

ただし、本などを読んでみると、こうした状況は、現代の日本が例外なのかもと思えてくる。世界的には『鹿の王』に書かれているように、地衣類が薬用に使われてきた歴史が各地にあるからだ。『地衣類の二次代謝物』の中の「伝統医学における地衣類利用」と題された章には、世界で最も広く薬用として利用されてきた地衣類は、サルオガセの仲間だと書かれている。八ヶ岳やアルプスなどの高山に行った折、針葉樹から垂れ下がる白いひげのような地衣類を見たことがないだろうか。これがサルオガセの仲間だ。書かれている内容を、ちょっと引用してみよう。

〝ヨーロッパの地衣の利用はギリシャ時代までさかのぼる。ギリシャではヤマヒコノリの仲間が使われていたようだ。その後、中世になるとペルシャの学者からヨーロッパへサルオガセの利用が伝わった。サルオガセの属名、ウスネアはアラビア語由来である。中世以降、ヨーロッパではサルオガセのほか、エイランタイやイヌツメゴケ、ツノマタゴケ、オオロウソクゴケ類などの地衣が薬用に使われたが、現在、地衣の利用はほとんど見捨てられてしまっている。ただし、エイランタイのみは現在も薬用としての地位を保ち続けている〟

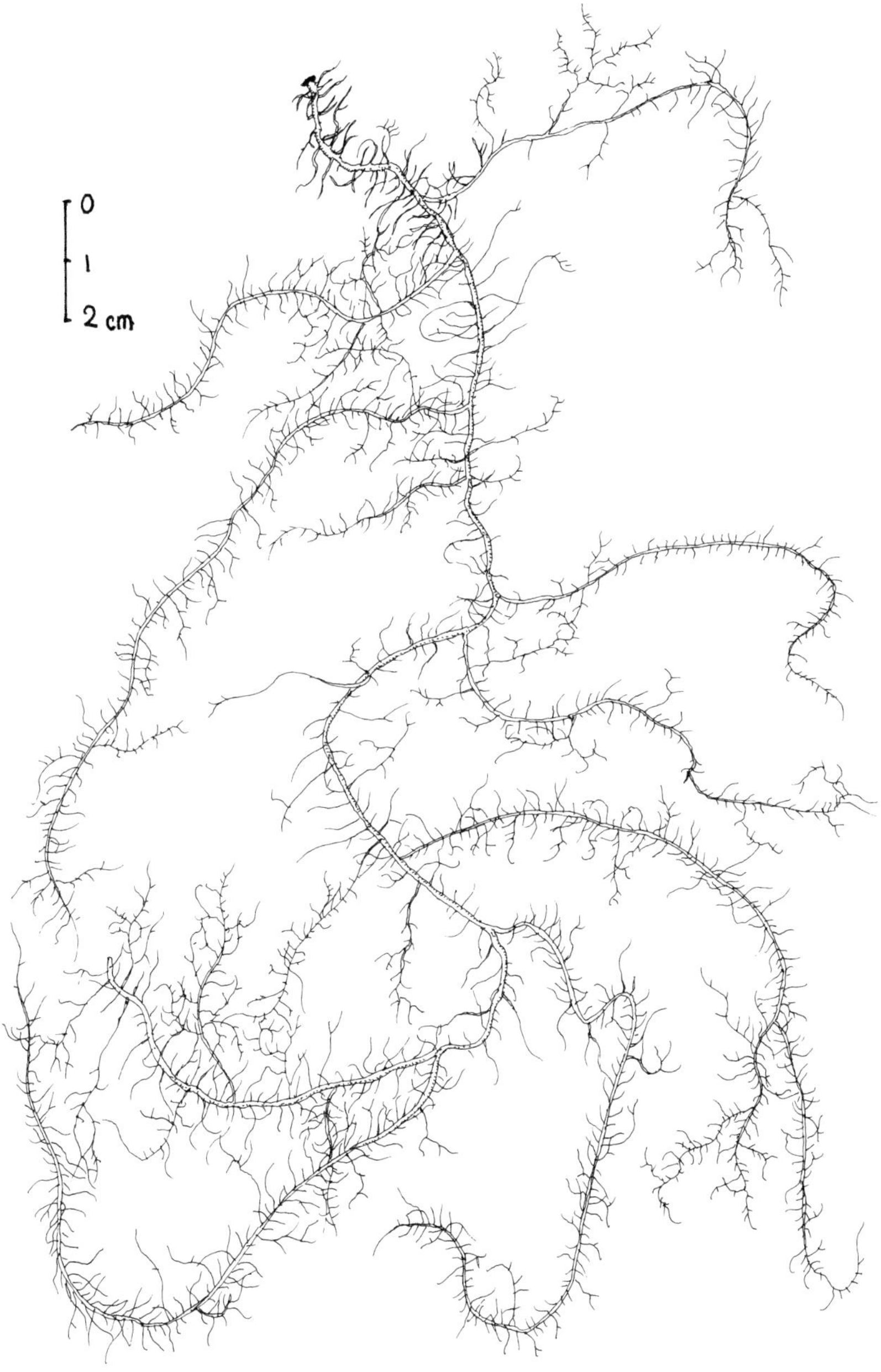

サルオガセの一種［ニュージーランド］

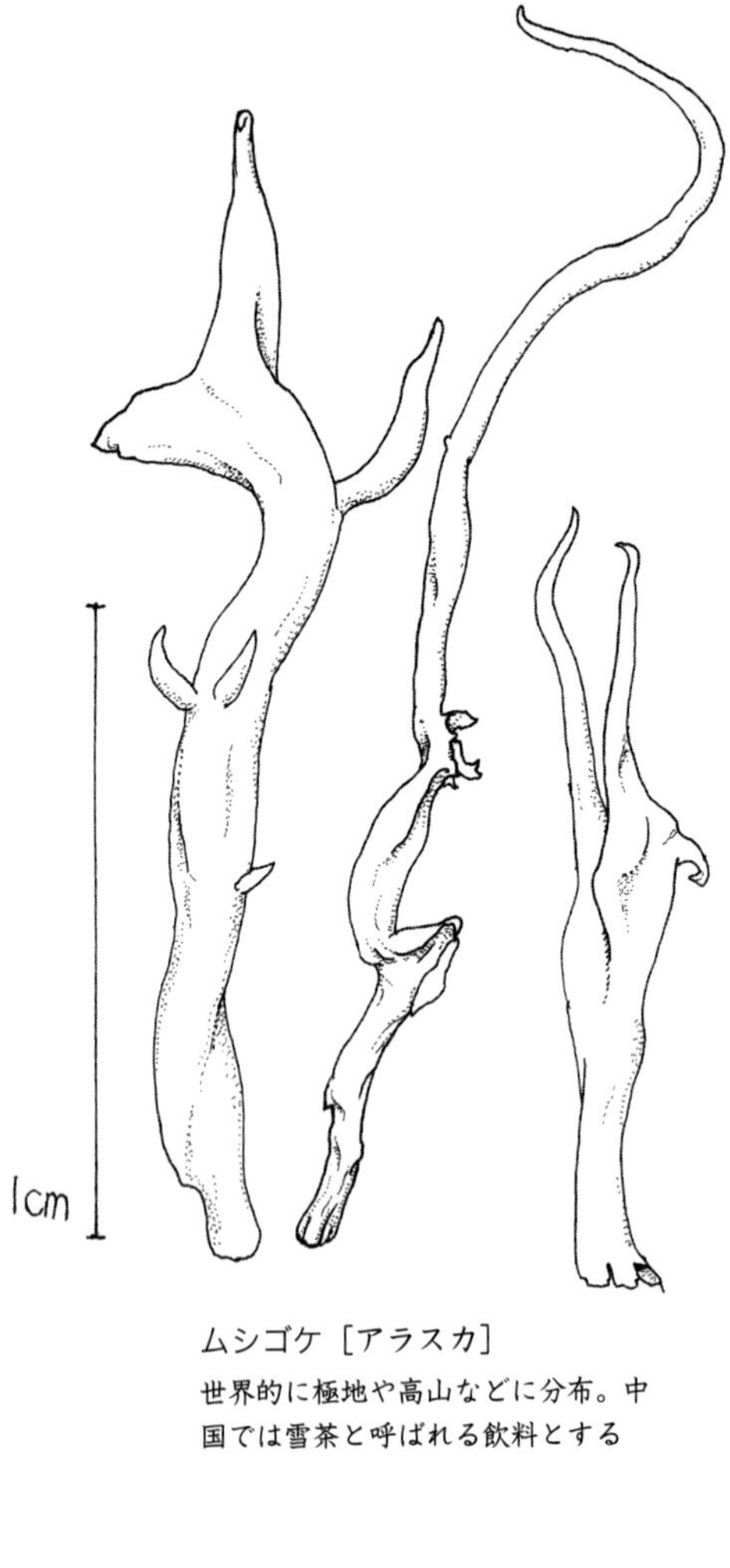

ムシゴケ［アラスカ］
世界的に極地や高山などに分布。中国では雪茶と呼ばれる飲料とする

地衣類の薬用利用は、地域差もあるが、時代による変化も見られるということだ。「伝統医学における地衣類利用」には、本論に続いて、種類ごとの利用例があげられている。ウメノキゴケの仲間がインド南部でスパイスとして利用される話は紹介済みだが、インドの伝統医学、アーユルベーダでは、ウメノキゴケの一種を薬用としても利用すると書かれている。消化不良、下痢、胆石等々に効くとある。ウメノキゴケという種類そのものも、中国では外傷出血や痛み、腫れ

などに利用される。

　中国の地衣類利用で最も簡単に目にすることができるのは、雪茶だろう。探してみたら、雪茶は那覇の国際通り沿いの小さな中国物産店にもおいてあった。これはムシゴケを干したものだ。ムシゴケは高山性の地衣で、日本にも分布しているけれど、そう目にする機会はないだろう。ムシゴケは立体的な地衣で、白い細長い棒状の姿をしている（これを虫に見立てている）。もっとも、那覇の店で買ったパック詰めのものは、バラバラになっている状態だったが。

　以前、友人の写真家ヤスダ君が、アラスカに行った際、「コケ」を採って、お土産に持って帰ってくれたことがある。そこで、この「コケ」の塊を見直してみたら、蘚苔類に混じって、ムシゴケが見つかった。ちゃんとしたムシゴケは、拡大して見ると、ムーミンのニョロニョロを思わせる姿をしていて、なんだか楽しい。

　さて、ムシゴケは、『原色 日本地衣植物図鑑』によると、タムノール酸という地衣成分を保有している。買ってきた雪茶を飲んでみたら、ほとんど味がしなかった。しかし、飲んだ後に、なにやら風味みたいなものが残る（何に似ているだろうとしばらく考えて、アールグレイの風味に似ているかなと思った）。ただし、後で知ったのだが、雪茶は飲みすぎると体に悪いという。薬か毒かというのは、どうやら紙一重だ。

　地衣成分は毒や薬にもなるわけだが、なかには染料として使えるものもあり、かつて合成染料が作られる以前は、世界各地に地衣染めがあった。地衣類の染料としての利用で、もっとも馴染みが深いのは、小中学校の理科実験で使うリトマスだろう。これはリトマスゴケと呼ばれる地中海沿岸産の地衣が元になって作られた色素だ（たびたび登場している日本のウメノキゴケも、加工をするとリトマスゴケと同様の染料を得ることができる）。

こんなふうに見ていくと、地衣類は、目立たない割には、それなりに人との関わり合いがある生き物であるといえないだろうか。

◉真冬のフィールドワーク

地衣類を調べはじめようと思った野外実習から三か月後。僕は沖縄から大分に向かった。大分の科学読み物の会が講演とフィールドワークの講師に招いてくれたのだ。一日目は講演会。二日目は、別府周辺の里山の自然散策。曇り空だが、幸い風はなく、穏やかな日和。

民家の庭先など、あちこちに夏ミカンの木が植えられている。ビワの木も多い。暖地の里山の風景だ。しかし、季節は一月中旬。暖地といっても、この季節で、いったい何を観察しよう。しかも、僕にとっては初めてのフィールドで、どんなものが見られるのかもわかっていない。

集合場所となっている空き地のわきに、ちょっとしたガケがある。ここが「コケ」むしている。蘚苔類に混じって、地衣類が生えているのがわかる。せっかく地衣類にはまったところだから、地衣類も交えた「コケ」話をしてみようか。泥縄ではあるけれど、その場でどんな話をするか、あれこれ考えてみる。ネタになるようなものはないかと空き地に面した道路の方にも行ってみると、まんまと使えそうなものが見つかった。

フィールドワークの開始時間となった。

フィールドノートを開いて、ペンで一本線を引く。

「これ、海です。生命は大昔、海で生まれました」

「単細胞生物からはじまって、やがてクラゲも誕生しました」フィールドノートに簡単なクラゲの絵を描き込みながら、そんな話をしていく。

「クラゲは原始的な体のつくりをした動物です。僕らの体にあって、クラゲにないつくりがありますが、それは何でしょう？」

こんな問いを出すと、さっそく男の子が手をあげて、「骨！」と答えてくれる。「そう、骨がありません。まだなにかクラゲにはないものがありますか？」と重ねて聞く。

「頭」「目」「口？」と、返答が続く。

「口はありますよ。でも、お尻……肛門がまだありませんでした。口があってもお尻がないと、不便です。やがて、動物はお尻も生み出しました。これで体の前後ができます。前の方に頭ができ、餌や的を認識する目もできて、さらに時間が経って、動物は上陸をします」

そんな話をした。

「では、生きている化石というのは聞いたことがありますか？」

「サンショウウオ」「カブトガニ」「オウムガイ」「シーラカンス」

こんな答えが返される。

「ゴキブリも、古い時代に誕生して、今までそれほど姿が変わらずに生き延びているので、生きている化石の一つに数えることもありますね……」僕はそう言って、前日、主催者の家でたまたま拾ったクロゴキブリの死体を取り出して見せた（沖縄にはクロゴキブリがいないので、つい、嬉しくなって拾ったのが役に立った）。

「ゴキブリって、なぜ大昔から今まで生きてこられたんですか？」

「ゴキブリは、大昔から姿は変わらないの？」

参加者からは、そんな質問が投げ返される。

「ゴキブリは大昔に、スキマ生活に適応した虫なんです。その暮らしを基本的に、今も続けています。つまりゴキブリは、いわばロングセラー的存在なんですね。ただ、姿の方は、若干、モデルチェンジはしています」

そう答えた。

では、植物にも、昔からの暮らしを続け、姿もあまり変化していない、生きている化石のようなものはいるのだろうか。

それが、コケです……と言って、僕は参加者を空き地の脇のガケに案内した。

コケにもいろいろあります。

たとえば……と見せた一つが、話を始める前に道路脇で見つけたギンゴケだ。

「このコケは世界的に分布しているコケなんです。こんなふうに、みなさんの家の近所にも生えていますし、東京の原宿にある横断歩道橋の上にも生えていました。なんと南極でも見つかっています。どこにでもあるので、コケ界のゴキブリ……という人もいます」

土手にはジャゴケも生えていた。ジャゴケはゼニゴケの仲間だ。姿はゼニゴケによく似ているけれ

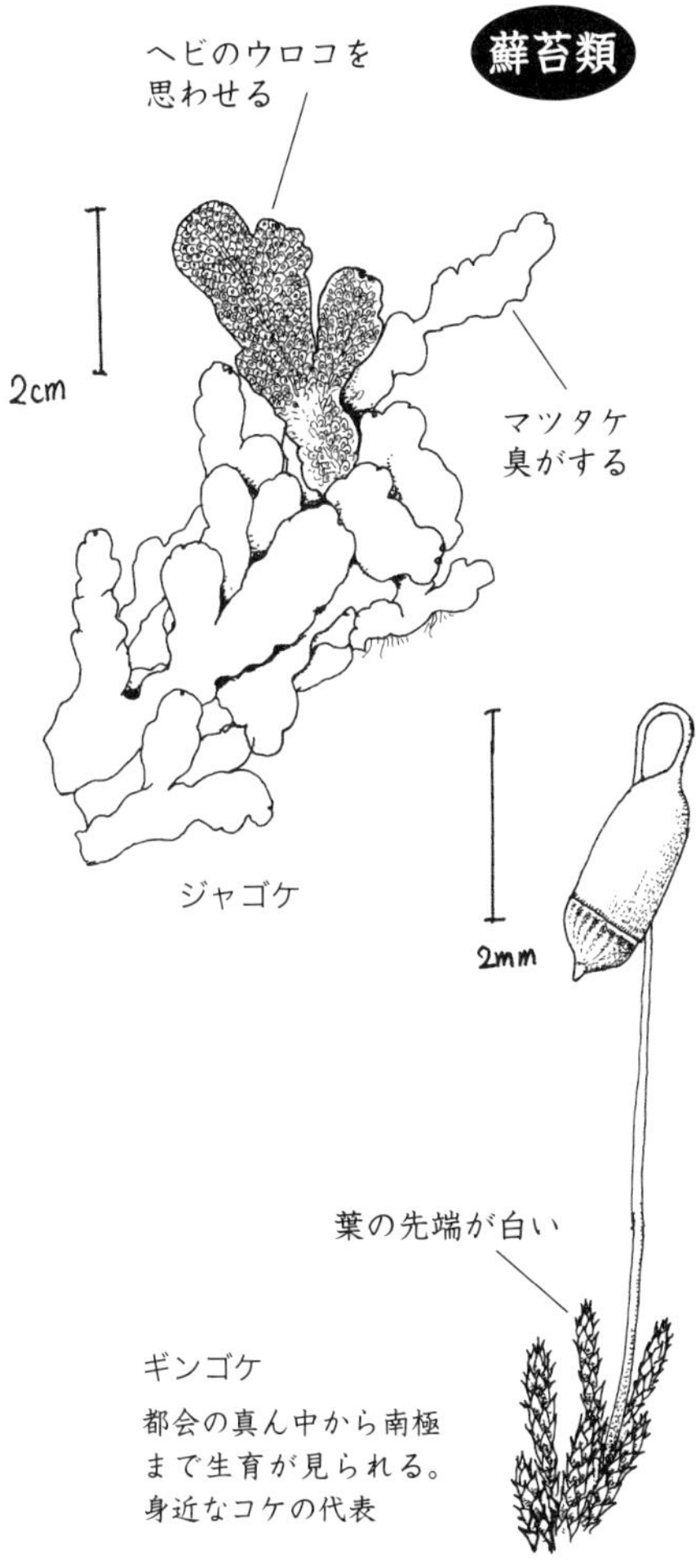
蘚苔類
ヘビのウロコを思わせる
2cm
マツタケ臭がする
ジャゴケ
2mm
葉の先端が白い
ギンゴケ
都会の真ん中から南極まで生育が見られる。身近なコケの代表

ど、見ると表面に細かなしきりがたくさんある。「ヘビのウロコみたいに見えるからジャゴケです」というと、ヘビギライの参加者の一人が、「うわっ……」と声を上げた。面白いことに、ジャゴケにはマツタケのような匂いがある。被食から防御するための化学物質だろう。ジャゴケはまだ口にしたことがないけれど、たぶんまずいはず。

「こんなふうに、ガケが古い植物の避難場所になっているんですよ。草や木が入って来れないから、コケが生えているんです」

コケ話なんて、面白がってくれるだろうかと心配をしたのだけれど、結構、みんな面白がって聞いてくれている。「これもギンゴケですか？」中の一人が足元のコケを指して聞いてくれた。

「足元は何ですか？　コンクリートですね。コケの中にはコンクリートや石灰岩が好きな種類があるんです」

参加者の一人が気がついたコケは、コンクリート上によく見られるハマキゴケだった。

こうして、「コケ」のフィールドワークが始まった。

●「ニセモノゴケ」探し

「昔、〝コケ〟は木毛と書きました。つまり、木の幹に生える何やら小さなものはみんな〝コケ〟と呼んだんです。だから、本物のコケじゃないものが、目の前のガケにもありますよ」

僕は参加者にそう、話をふってみた。

「これ？」

さっそく、ガケとニラメッコをしていた男の子が、指をさして聞いてくる。見事、地衣類をさしている。まだ地衣類の名前を見分けられるほど勉強ができていないが、幸い、男の子が指さした地衣類は、初心者向けの図鑑に載っている、特徴がはっきりした種類だった。小さな杯型をした、ヒメジョウゴゴケだ。

「クラゲとイソギンチャクは同じ動物の仲間です。泳いでいるか、岩にくっついているかの違いだけなんです。そのイソギンチャクが群れて暮らすとサンゴになります。サンゴは藻類を体の中に共生させて、その藻類から光合成産物の上前をはねて生きているんです。おんなじように、このニセモノゴケも、光合成をする藻類と共生しているんです」

「色が本物とは違いますね」

「じゃあ、ニセモノゴケに注意して歩いてみましょう」

そんなやり取りをして、空き地から歩き出すことにする。

岩のガケが土の土手に替わると、生えているコケがジャゴケからハイゴケに替わった。

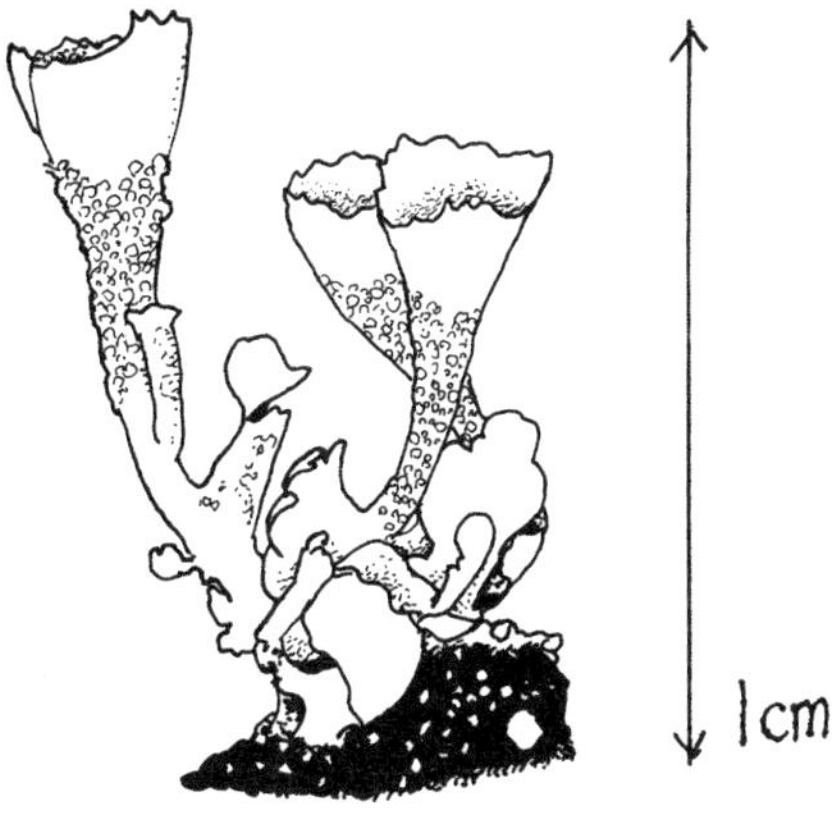

ヒメジョウゴゴケ［千葉］

「これはニセモノゴケ？」

参加者が切り株を指して聞いてくる。そうそう、ニセモノゴケ……地衣類が生えている。ただし、僕にはまだ、名前まではわからない。

「これもそう？」

男の子が石垣に生えている「コケ」をさして聞いてくる。そうそう、これも地衣類。今度はウメノキゴケの仲間ということが僕にもわかる。

石垣の表面には、それこそ模様のようにしか見えない痂状《かじょう》地衣も生えている。これでも生き物。痂状地衣の成長はとっても遅いという話を本で読んだ。『北米の地衣類』には、痂状地衣類の成長は、年に〇・五～一ミリとある。石や木の幹を定点観測すれば、ほんのちょっとずつ「模様」が成長していくのを計測できるわけだ。スギモト君が前に言った「地衣類はスローライフ」というのは、本当のことだ。年間成長量のデータを使って、直径から逆算すれば、何歳の地衣類か推定も可能ということになる。

この話を聞いて、参加者からは、「えぇーっ」という声が上がった。目の前の「模様」が生き物であることに加え、何歳にも、場合によっては何十歳にもなっていることが意外だったのだろう。

こうしてみると、道沿いの石垣上には地衣類がびっしりついている。それも痂状だけでなく、ウメノキゴケのような葉状《ようじょう》地衣も多い。

「葉状地衣類が多いというのは、大気がキレイだという証拠なんですよ。大都会だと、葉状地衣類がなかなか目に入らないんです。なぜなら、地衣類は根っこがなくて、大気と雨水から必要なものを全部もらっています。だから、大気の汚れに敏感なんですよ」

つづいて、フィールドワークに使うかもしれないと、沖縄から持ってくる荷物に忍ばせておいたトナカイゴケを取り出して、みんなに見せる。

「うわーっ、ふわふわ」と、女の子たちに人気だ。

「これも、ニセモノゴケです。シベリアや北欧なんかでは、寒くて木や草が生えにくいので、地衣類が一面を覆っているんです。これを食べて暮らしている動物もいて、それがトナカイです」

「こんなの食べてよく生きていけますね」

「そうです。トナカイはすごいんです」

せっかくだからと、地衣類のように他の生き物と共生する菌もあれば、他の生き物に寄生する菌もあるという話をして、これまた沖縄から持ってきた冬虫夏草の標本も取り出してみんなに見せた。見せたのは、トンボに生えたヤンマタケとクチキゴキブリに生えたゴキブリタケだ。

「ゴキブリ?:?」

「家のゴキブリにも生えますか?」

参加者たちが驚きの声を上げ、あれこれ、聞いてくる。

冬虫夏草は生える相手も、見つかる場所も限られていて、ゴキブリに生えるキノコは限られた種類のゴキブリ（クチキゴキブリ）にしか取りつかないし、見つかる場所も限られているという話をした。

実際、季節もあると思うが、このフィールドワークの最中では、探してみても冬虫夏草は見つからなかった。地衣類は山ほどあるのに。

冬虫夏草は見た目もインパクトがある（なにせ、ゴキブリやトンボからキノコが生えている）。探し出すのも大変だ。菌類の変わりもの、冬虫夏草には人を魅了する要素がある。

ところが……。

いつでもある。

どこでもある。

考えてみれば地衣類は、冬虫夏草と真逆の存在だ。だとすると、それはそれとして、菌類としては、かなり変わった存在といえないだろうか。

僕は、そのことに気がついた。

僕は少しずつ、地衣類の面白さに、気づきはじめた。

第二章　地衣類観察事始め

◉やんばるの森で

「地衣類がたくさん生えている場所を見つけたので、見に行きませんか？」

スギモト君から、そんな電話がかかってきた。

いつでもある。

どこでもある。

それが地衣類の特徴である。

ただし、それと気にして見れば……の話だ。

とはいっても、さすがに街中ともなると、見ることのできる地衣類の種類は限られてしまう。先に書いたように大気汚染の影響がある。また、都市部は乾燥していることも地衣類の生態には向いていない。

地域による違いもある。

それと気にして見ると、那覇の街中にも地衣類が生えていることがわかる。通勤途上にあるS公園のヤシの幹も、ずいぶんと白っぽい「模様」がある。もちろん、地衣類だ。那覇の街中の木の幹で、一番普通に見られる地衣類はコフキヂリナリアという、かなり変わった名前の地衣類だ。この名前のうち、ヂリナリアというのは、この地衣の仲間の属しているグループの学名をそのまま日本語読みしているもの（ヂリナリア属ということ）。では、ヂリナリアの前についているコフキとは何だろう。

　地衣類はキノコの仲間だから、胞子を作って増えていく。地衣類の胞子を作る器官に子器《しき》と呼ばれるものがあるが、この子器の形は種類によってさまざまだ。先にも触れたが、地衣類は子嚢《しのう》菌の仲間が多い。この子嚢菌に、チャワンタケという、お椀型の子実体《しじつたい》を作るキノコがある。地衣類の仲間にも、このチャワンタケの子実体によく似た子器を作るもの

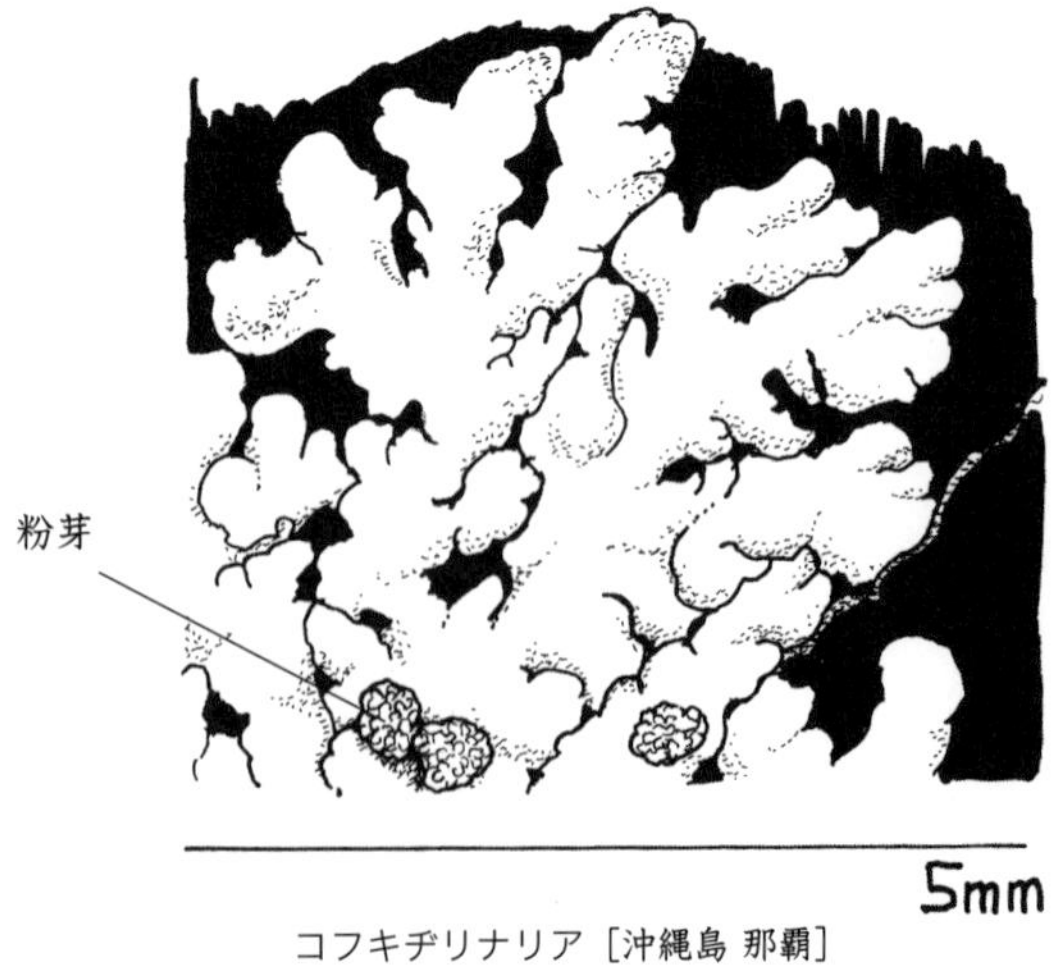

コフキヂリナリア［沖縄島 那覇］

があって、そうしたものを見ると、「ああ、地衣類は子嚢菌の仲間なんだな」ということがよくわかる。ただ、地衣類の子器がみんな茶碗型をしているわけではない。円盤状のものや、ニキビ状のものなど、子器の形にもいろいろある。そして、子器を作る頻度が、地衣類の種類によって異なっている。いつ見ても子器がついている地衣類もあれば、ほとんど子器をつけるのを見たことがないような地衣類もある。

そうした子器をつける頻度が低い地衣類がどうやって子孫を増やしているかというと、いわばクローン的に、自分の体の一部を分裂させて増殖する（栄養繁殖）。体の一部が分裂するといっても、地衣体が二つに切れて二個体になるのではなく、地衣体の一部に、特別な器官を作り、栄養繁殖用の小さな粒や粉をたくさんつけるのである。栄養繁殖をする粒や粉にもいろいろな形があり、それぞれに名称がつけられている。コフキヂリナリアの場合は、菌糸と共生藻がセットになった粉状の粉芽《ふんが》というものを作る。粉状の粉芽をつけるので、名前にコフキとついているわけ。同様に、図鑑を見ると、コフキ○○とつけられた地衣類がほかにもいくつもあるのがわかる。ちなみにウメノキゴケの場合は、ごくごく小さな指のような形をした、裂芽《れつが》と呼ばれるタイプの栄養繁殖体をたくさんつける。

コフキヂリナリアは葉状《ようじょう》地衣だが、地衣体は先端部までぴったりと樹幹に貼りついている。また、葉状体の切れ目が小さい。そのため、遠目には、葉状地衣ではなくて、痂状《かじょう》地衣に見える。こうした特徴があるため、コフキヂリナリアは、僕のような本を片手に地衣を追いかけ始めたばかりの人間でも、比較的同定しやすい地衣類だ。

さて、スギモト君が案内してくれたのは、沖縄北部の川沿いの森の一角だった。

「本当だ」

森について、つい、そう口にしてしまう。スギモト君が言っていたように、岩の上にいろいろな地衣類が生えている。なかには、岩の上をプラスチックの被膜で覆ったような地衣もある。それが地衣類とわかるのは、被膜のようなものの表面に、小さな子器と思えるものが点々とついているからだ。ほかにも石の上には地衣らしきものがあるが、痂状の地衣で石に貼りついているものは、見るだけで採集しようもない。こうした地衣類を採集するにはハンマーやタガネが必要だと聞いたことがあるけれど、今回は持参していない。

黒っぽい色をした膠質《こうしつ》地衣もある。シアノバクテリアを共生させている地衣類だ。木の幹にも、さまざまな痂状地衣がくっついている。ただしわかるのは、「いろいろある」というところまで。種類については、さっぱりだった。唯一の例外が、これまた特徴的な姿を本の写真で見たことがあるものだ。木の幹に小さな半月型をしたものがくっついている（ミニ・サルノコシカケ状態だ）。色は緑色っぽくて、硬くはなく、糸くずがからまって作られているように見える。そうした色や形質からすると「藻」の

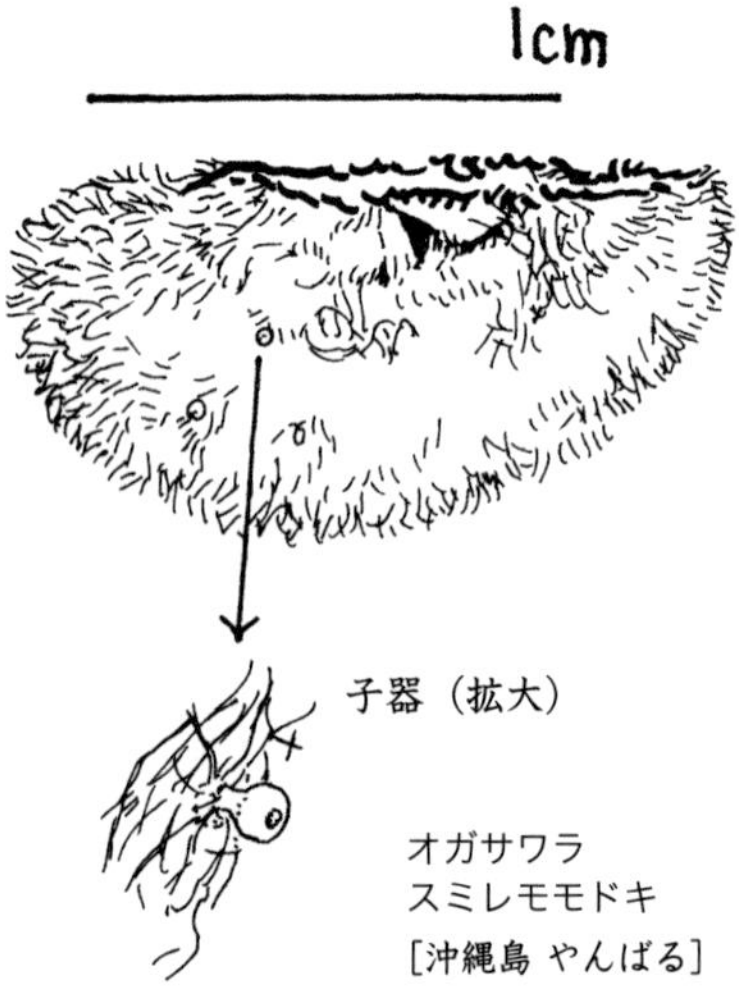

オガサワラ
スミレモモドキ
［沖縄島 やんばる］

ようだ。ただ、表面を見ると、白い小さな粒のようなものがついている。これは子器に見える。子器があるということは、単なる藻ではなくて、菌との合体である地衣類ということになる。こうした一見、藻の塊のような、半月型をした地衣類にオガサワラスミレモモドキという種類があると本に書かれているから、おそらくそれだろう。

「もう一か所行きますか？」

しばらくして、スギモト君がそう声をかけてくれる。

海岸沿いのウタキの森にも地衣類がたくさん生えているところがあるという。しかも、なんとウメノキゴケが生えているというのだ。

僕が生まれ育ったのは千葉県の南端部にある館山という街だが、実家周辺では、ウメノキゴケはごく普通の存在だった。ところが、沖縄に住みついて十数年。地衣類に興味を持ってから思い返してみると、沖縄で、ついぞ、ウメノキゴケを見た記憶がない。気にして見ても、確かにどこにも見当たらない。そのウメノキゴケが生えている？

沖縄には神社はない。代わりにウタキと呼ばれる拝所がある。基本的に社殿などはなく、木々が取り巻く広場の中に、香炉がぽつんと置かれているだけだったりする。

スギモト君が案内してくれたのは、海岸からほど近いウタキだった。ウタキというと、こんもりと茂った木々に囲まれているところが多いのだけれど、このウタキは、平坦地に木々がまばらに生えている。生えている木は、沖縄では屋敷の防風林によく使用されるフクギを主として、ほかにクワノハエノキ、サキシマスオウ、ハスノハギリといったものである。木々があるといっても、一本一本の木は離れているし、下草なども生えていない見晴らしの良い立地で、遠目からでも、黒っぽいフクギの樹幹が地衣に覆われているのがわかる。

「でも、コフキヂリナリアじゃないか」

一本目のフクギに近づいたとき、そう思ってしまった。ところが、となりのサキシマスオウを見て、目を疑った。本当にウメノキゴケが生えている。それもいっぱい。ウメノキゴケはウタキの木々にわんさかついていた。あんまり普通についているので、おかしくなってしまう。沖縄なのにと。

木々には、地衣類に混じって、蘚苔類のミノゴケもよく着生している。ミノゴケがついているということは、この場所の湿度条件がいいということだ。

地衣類にはまる以前、コケを追いかけていたとき、師匠のコケ屋さんがわざわざ沖縄に来てくれたことがある。その師匠に言われて気がついたのは、沖縄島が乾燥しているということだ。南の島沖縄といえば、湿度が高いように思う。実際、ものはよくカビる。ただ、降水量のわりに気温が高い。特に夏場は乾燥気味だ。沖縄島が生物的に見ると乾燥しているというのがわかるのは、沖縄島で見かける木々の幹がコケむしていないからだ。逆に、沖縄島でコケむしている木々があるところは、何らかの理由で湿気がたまりやすい場所（湿気だまり）であるということになる。スギモト君が案内してくれたウタキは、海風の影響のためか、どうやら湿気だまりであるらしい。それからすると、沖縄島でウメノキゴケをあまり見ないのは、樹幹着生のコケをあまり見かけないのと同様、沖縄島はウメノキゴケにとっては乾きすぎているということであるらしい。

「ここは、湿気がたまるんですね」

スギモト君も、そう口にする。

「僕にとって、地衣類といったら、ウメノキゴケが花形なんです」

そうも言う。

「お正月とかのあったかい日に、御茶会でもしながら、ゆっくり地衣類の観察会をしてもいいですね。いったい何種類あるのかなとか」

スギモト君がそんなことを言うので、笑ってしまう。確かに地衣類観察は、そんなのんびりした雰囲気が似合いそうだ。

それにしても、もう少し地衣類の名前を知りたい。

地衣を追いかけるうち、少しずつ、その思いが強くなる。

誰かに教えてもらうまで、自分でできるだけ調べること。

最初にスギモト君とそんな話をしてから二年が過ぎた。

そうして、「誰か」に出会う日がやって来た。

◉地衣屋ヤマモト先生

奈良のマルヤマさんの家を朝の七時五十分に出て、大阪環状線天王寺駅を経由、一路和歌山へ。

地衣類ネットワークを主催している秋田県立大学のヤマモト先生の地衣類観察会が年末に和歌山で開催されると聞いて、沖縄から関西に出向いたのである。

生き物屋仲間のマルヤマさんは、キノコ屋だ。ためしにマルヤマさんに「キノコ屋にとって地衣類とは何か？」と聞いてみた。

「キノコ屋的には、地衣類はキノコとは別物と思っている人が多数派だと思います。平面的で不定形だし」

こんな答え。なるほど。地衣類は菌類であるのだけれど、キノコ屋からは鬼っこ扱いされているようだ。

和歌山へ向かう車中、大阪在住のカワイ夫妻が合流する。カワイ夫妻も昔からの生き物屋仲間で、大阪方面に用があるときなど、家に泊めてもらうこともしばしばある。旦那さんの方のマサトさんは虫屋で、特に鳴く虫を専門としているが、最近は手広く虫全般に興味を持っている。奥さんのマユミさんはマルヤマさん同様、キノコ屋で、この日もキノコ模様のニットを着込んでいる。マユミさんにも「キノコ屋にとって地衣類とは何か？」という質問をしてみたのだが、答えは、あっさり「別モン」というものだった。立体的じゃないものが多いし、何より「いつもあるから見つける喜びがない」という。

ああ、やっぱり。いつでも、どこでもあるという地衣類は、菌類的には「変」なのだ。だから面白いと思うか、だから面白くないと思うかは人さまざまかもしれないけれど。

参考までに虫屋のマサトさんにとって、「地衣類とは何か？」を聞いてみたら、「地衣類をエサとしている昆虫がいるのが興味深い」とのこと。この答えはスギモト君が地衣類に興味を持った理由と似ている。どうやら、キノコ屋、虫屋、それぞれ特有の地衣類の見方があるようだ。

マユミさんは、「地衣類はキノコと別モン」とそっけないわけだけれど、ヤマモト先生の観察会への参加歴はずいぶんと古く、もう十年以上になるという。好奇心旺盛なマユミさんが、ある日地衣類が気になって、地衣類を検索したら、たまたま先生のホームページがヒットし、これまたたまたまその二日後に観察会があるのを知って参加したのが始まりなのだとか。

「私みたいなシロートが参加したのは、そのときが初めてみたいで。で、参加したら、すっごい地味な観察会」

マユミさんが言う。

もともと、ヤマモト先生の地衣類調査にあわせて観察会をするという形なので、普及が主目的で開かれたものではなかったらしい。まあ、地衣類は、いつでも、どこでもあるものだし、動き回ることもない。地衣類の観察会が地味になるのは、むべなるかな……。

和歌山に向けて電車を乗り継ぐうち、ヤマモト先生とも合流する。

緊張。

教員をしている身ながら、僕は人と話をするのが苦手なのだ。休日など、誰にも会いたくないと思う。電話もできれば取りたくない。特に初対面がいけない。せっかく沖縄から来たのに、逃げ出したくなる思いと格闘する。

細見の体に白い帽子と肩掛け鞄。やや細めの目。年齢は僕より十歳少し上。一見クール。

が、地衣の話をしだすと、フレンドリーな雰囲気がにじみ出てくる。

おそるおそる……「あのー、地衣屋って、何人ぐらいいるんですか？」と聞いてみた。

「地衣学会に入会しているのは一五〇人ぐらいですね」とのこと。

しばし、会話に間が空く。

勇気をふりしぼって、もう一問。

「あのー、沖縄って、目立つような地衣類があんまりないように思うんですが」

「痂状地衣が多いですね。沖縄島は乾燥しているからでしょう。西表島の方が、地衣は多いですよ。沖縄島は中緯度高気圧帯に位置しているからじゃないですかね。七、八年前に琉球大の演習林で調査したときも、痂状地衣ばかりでした。そのとき面白かった地衣類はオガサワラスミレモモドキぐらいです。その上、痂状は南が主体の地衣なので、種類が多くて名前がよくわからないものが多いんです。痂状地衣でもモジゴケの仲間はまだ種類がわかりますが、他の仲間はあんまり研究されていないから、わからないんです。沖縄の痂状地衣の名前をはっきりさせるには、タイとかもっと南のものと比較しないといけなくて、それが難しいんです。沖縄の痂状地衣の中には、属さえわからないのもあります。見たことがないものがあるので、面白いんですけど、名前はわからない」

先生、すらすらとそんな答えを返してくれる。スギモト君に案内してもらった川沿いの森で見たオガサワラスミレモモドキは、先生的にいっても、面白い地衣類だったということがわかる。

でも、再び会話に間が空いてしまう。

ええい、聞いてしまえ。

「先生、地衣との付き合いは、どのようにして始まったのですか？」

「僕はもともと、分類屋じゃありません。会社で植物の培養をやっていました。そのうち、地衣類の培養をやってみようと。ところが、名前がわからない。そこで、保育社の地衣植物図鑑を作った吉村先生について名前を教えてもらいました。培養だけでは面白くないので、成分も研究するようになりました。もう始めてから三十年くらいになります。地衣類の名前がわかるようになったのは、ここ十年くらいのことです。地衣類の観察会は一九九五年から始めて、今日で一九七回目です。その七回目とかにカワイさんらが参加してくれたんです」

ヤマモト先生はそんな話をしてくれた。先生が地衣類の培養に取り組みはじめたのは、三十二歳のころ。そのころ地衣類は培養が難しいものだとされていて、ヤマモト先生は大学の先生から「地衣類が培養できたら、世界初だよ」と声をかけられたのだという。それで、取り組んでみたら、たまたうまくいったのだとか。先生が地衣類を紹介するホームページを立ち上げたのが九七年。このホームページをマユミさんが目にしたわけだ。先生は九九年に民間の会社から秋田県立大の教員に転職。学生を指導する身になったことで、初心者向けの地衣類の本がないことに気づき、『地衣類初級編』なるガイドブックも発行する。今回、和歌山で観察会が開催されたのは、先生の出身地がもともと関西だからだ。年末、秋田からの帰省にあわせて関西で観察会が開催されているわけ。関西は社寺旧跡が多いのも、地衣類観察会に向いている。

「地衣の観察会には、お寺とかお城がだいたい、いいんですよ。物見遊山みたいなものです。で、地衣は季節を問わずあるので、その辺が楽です。ただ、夏は暑いから、地衣はあんまり調子が良くない。秋田でも夏が過ぎた九月から十二月……雪の降る前までが地衣の成長シーズンです。暑さでは、三〇度すぎると活動が止まるんじゃないかな。一方、寒さの方は、共生している藻類は零度になっても光合成大丈夫です。だから雪の下でも光さえ通れば成長ができます」

もう一つ、聞いてみることにした。

「欧米の方が、地衣類の認知度が高いように思うんですが」

「欧米では、フィールドで、自然の内容をきちんと子どもに説明ができる専門家がいるからじゃないでしょうか。日本では地衣は一般の人にほとんど知られていません。でも、私は高校生とかに地衣の話をする機会があるんです。そのとき、石についている地衣に水をかけてこすると、緑色っぽくなります。藻が共生していますからね。痂状地衣で、こうしたことを見せると、意外性があるのでしょう。高校生、喜びますよ」

それと気がつく機会がないだけで、認識できれば、面白がる要素があるということか。

だんだん、緊張がとけてきた。

「地衣屋にハンマーは必需ですか？」

やんばるの沢沿いの森で石にくっついていた地衣に手が出なかった経験から、そう聞いてみる。

「ハンマーは、今日も持ってきていますが、めったに石は叩きません。石についている地衣は持って帰るのが重たいですし、そもそも神社なんかだと、境内の石を叩くわけにはいきませんし。海岸で採取するときは、石を叩いたりしますが。木の幹についている痂状地衣も、木の幹を削って採集します。最初のころは、木を傷つけるのが嫌で、幹を削らなくてもはがせるような葉状地衣ばかり採集していましたが、それが一通り終わってしまったので、今は痂状地衣も採集しています」

そんな答えを返してくれた後で、先生が逆に僕に質問してきた。

「モリグチさんの専門は何ですか？」と。

ありゃ。こいつは困った。しどろもどろ。

大学では植物生態学を専攻していましたが、卒業後は教育現場に就職したので、生徒や学生がどんなものを面白がるかが興味の焦点で……とかなんとか。

ともあれ、ようやくプロの地衣屋にあいまみえて話を聞けている僕がいる。

「今年の正月はデパートめぐりをして門松を見てみようかと思っているんです」

和歌山に向かう車中で、ヤマモト先生、そんなことも口にした。門松にくっついている地衣類の観察をしようというわけ。

あっ……面白い。

地衣類の個別の名前もわかるようになりたいと思うけれど、地衣類から何が見えてくるかということにこそ、もっとも興味がある。地衣類は、門松などといった、日本の伝統文化とも関わりがあるわけだ。門松は、もちろん大きくないと、地衣類なんてついていない。それにしても、地衣類目当てに門松ウォッチングだなんて。

先生によると、たとえば伊勢丹デパートの門松をチェックしたら、マツゲゴケがついていたそう。門松についているのは、だいたいがマツゲゴケで、ほかにウメノキゴケの場合があって、たまにコフキヂリナリアがついていることもあるのだとか。ちなみに同席していた地衣屋さんのなかに、実家が花屋だった人がいて、正月前は子どもも含め、家族総出で木の枝にウメノキゴケをボンドでくっつける内職をしたという話も飛び出した。ウメノキゴケは問屋さんで買ってきて、それをちぎって貼りつけたのだという。

うーん、知らないことはいろいろある。

「門松写真集とか出したいですねぇ」

ヤマモト先生、冗談ともつかぬこんなことまで口にする。

いやはや。なんだか、面白い。

十一時十三分。

ようやく僕らの乗った電車は紀伊由良駅に到着した。

◉地味な観察会

駅前に、観察会に参加するメンバーが輪になって簡単な自己紹介をおこなう。総勢十名というこじんまりとした観察会だ。駅から歩いて十分ほどのところにある、醤油の発祥の地という興国寺《こうこくじ》が目的の場所だ。

駅から歩いて十分ほどで目的地に着く。といっても、途中、地衣マナコが発動である。車道から脇道に入ったところで、民家の石垣に目をやり、まず、歩みが止まる。岩上に「模様」がある。この「模様」こそ、痂状地衣だ。

スミイボゴケの仲間とクボミゴケです……ルーペを手にしたヤマモト先生が岩上を覗き込んでそう言う。スミイボゴケは海岸に多い地衣なのだとか。さらにオレンジ色がかったツブダイダイゴケも生えている。その石垣の先にある、畑の土留めになっている石垣には、葉状地衣がついていた。

「これ、沖縄でもついているでしょう」

にこやかな顔で山本先生が僕に言う。コフキヂリナリアだ。

それにしても。観察会のメンバーの中には、いきなり民家の入り口のコンクリートに身を投げ出だし、ルーペで一心にコンクリートとにらめっこする人もいる。かなりアヤシイ。

石垣の「模様」に見入っていた大学生のキタオ君は、僕同様に地衣類初心者であるらしい。その彼が、「石の上に見える境界線のような線は何ですか？」と先生に聞く。

「黒いのは、地衣の個体の境界線です。逆に、こうした境界線が見えたら、そこに地衣があると思ったらいいです。黒いのは、共生藻類がいない菌糸だけでできた部分なんです。下生菌糸《かせい》といいます。こうした境界線、同種同士の間にできる場合は、色が薄くなります。同じ種類の場合でも境界線がはっきりしているのは、別個体同士が隣り合っているときで、境界線がはっきりしないのは、クローン同士が隣り合っている場合です」

続いて、モエギトリハダゴケとレプラゴケが登場。モエギトリハダゴケを漢字変換すると、萌木鳥肌木毛になる。なんだかすごい。硫黄色をした痂状地衣で、子器は見当たらない（『原色 日本地衣植物図鑑』を見たら、「日本では子器は未知」と書かれていた）。墓石の表面が黄色っぽくなっていたら、このモエギトリハダゴケが生えていることが多い。レプラゴケは拡大して見ても、あまりはっきりした構造が見えない、全体が白っぽい緑色の粉状の地衣だ。

先生に地衣の名前を教えてもらうのに忙しい。と同時に、周囲の地衣屋さんの動態も気になる。見ていると、地衣屋にとっては、ハンマーよりも何よりも、まずはルーペが必需品のようだ。子器などの特徴を観察するには、肉眼では難しいから。また、ガム剥がしや皮剥がしに使うような金属のヘラも必需品である。木などにぴったりとくっついた痂状地衣の場合は、木の皮ごと、削り取るように採集する必要があるからだ。採集した地衣は、紙袋に入れて持ち帰るが、見ていると、これは普通に市販されている封筒を利用してもよいようだ。

田んぼの中の道をゆく。奥手に見える山には常緑樹が多い。山裾にはミカン園も見える。なにせ、和歌山だ。その山裾の一角にあるのが、めざす興国寺である。その道すがら、先生が「あの瓦、欲しいなぁ」とつぶやいている。見ると、民家の瓦に地衣類が結構ついている。屋根瓦なんて、夏場ものすごく高温になりそうなものだけれど、こんな場所に好んで貼りつく地衣類もあるわけ。キクバゴケの仲間です……と手の届かぬ先の瓦についている地衣類の名前を口にする。さすが、先生である。工事のときに葺き替えた古い瓦をもらって、お目当ての地衣類を採集したこともあるのだとか。

こんなことをしているわけだから、一行の歩み、かなりのろい。

ようやく山門にたどりつく。一二二七年建立という説明看板が立っている。その脇のサクラの樹幹にはたくさんの地衣が貼りついている。

見ると、観察会のメンバーが、静かにそのサクラに近づいていく。興奮した声など聞かれない。本当にマユミさんが言うように、地味な観

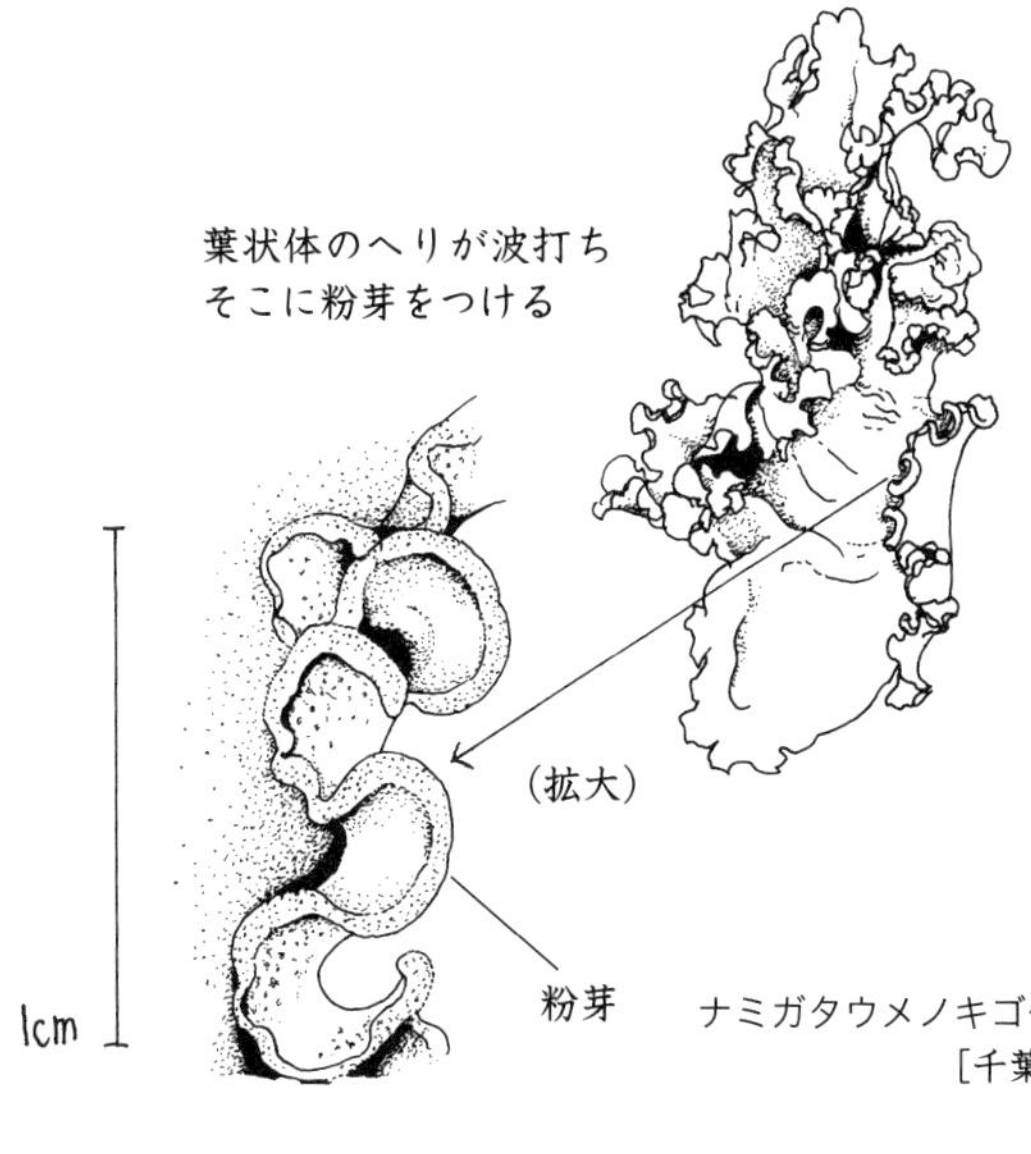

ナミガタウメノキゴケ
［千葉］

察会だ。それでも「いっぱいついていると感動しますね」とヤマモト先生。さらに、しばらくじっと木を見ていた先生は、「ほら、同じように見える地衣でも、こっちがナミガタウメノキゴケで、こっちがウメノキゴケです」とその区別点を教えてくれる。葉状体のビラビラした先端部に粉芽がついているのがナミガタウメノキゴケ。ウメノキゴケの場合は先端ではなく、葉状体の中心部の方に、粉状ではなくて、小さな粒状（拡大すると、枝サンゴのような形をしている）の裂芽をたくさんつける。

人と話をするのが苦手なうえに、僕はものを記憶する力が大変弱い。人の顔と名前を覚えるのが第一に苦手だが（そのため、「はじめまして」という挨拶を極力しないようにしている。「はじめてじゃありません」と返されたことがしばしばあるからだ）、生き物の名前も、識別点も、なかなか覚えられない。それで生き物屋なんて、よく言えたものではあるけれど。だから、先生から地衣類の区別点を教えてもらっても、すぐには覚えられない。とりあえず、言われたことを忘れないようにと、メモをとるのに必死だ。

ナミガタウメノキゴケは、ウメノキゴケに比べると南方系ですと先生は言う。

「ナミガタウメノキゴケの縁を指でこすると、白い粉のようなものが指につきますね。これが菌と藻が一緒になった粉芽です。裂芽も同じで、何かがあたったりすると葉状体からはずれて飛んでいきます。ただ、粉芽の方が細かいですから、ナミガタウメノキゴケの方が、増えだすと速いですね」

ウメノキゴケのように白っぽい色をしている地衣類は緑藻共生型の地衣類ですと、サクラの木を前にした地衣類講義は続く。よく見ると、サクラの枝の上面の方が、葉状地衣がよくついているでしょ

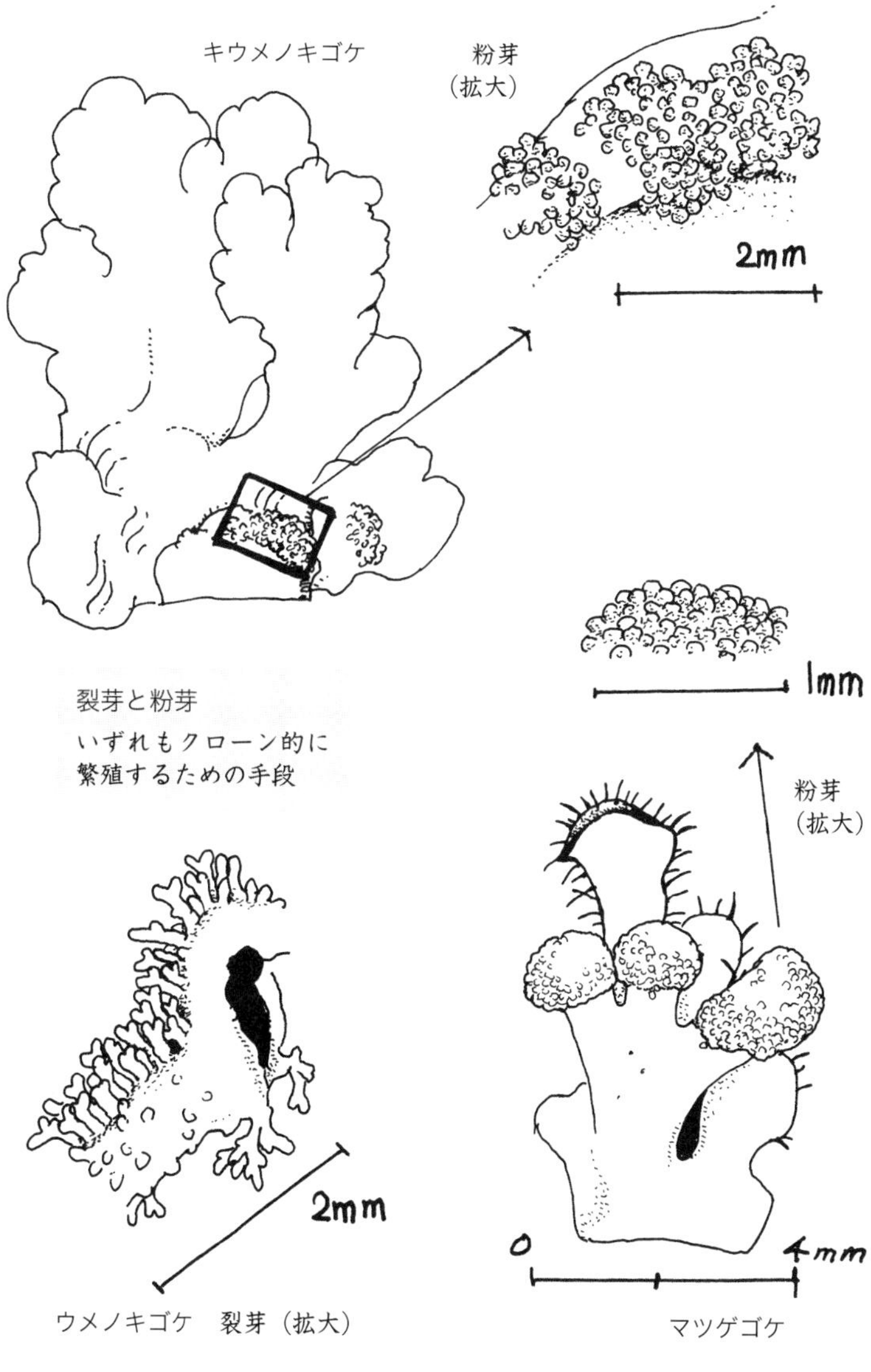

裂芽と粉芽
いずれもクローン的に
繁殖するための手段

う、とも。もちろん、上面の方が、光がよく当たるからだ。ただし、枝の下側にぺちゃりと貼りつくように生えている地衣類もある。コフキヂリナリアだ。

サクラの木を離れる。

モミジの樹幹に痂状地衣がついている。

「これ、名前がわかりません」

ひどくあっさりヤマモト先生が言うので、少し驚く。地衣類には、そういうものも普通にあるわけ。スギの樹幹についていた地衣類も、子器がついていなかったので、名前はわからないということだった。土の上には、小さなカップ状の地衣体を立ち上げているヒメジョウゴゴケの姿もある。

◉参道沿いの地衣観察
参道沿いは、樹木が多い。木の幹を見て、道脇の石を見て。ゆっくりゆっくり、そしてあくまで静かに地衣類観察の一行は進んでいく。

また、樹幹に「模様」がある。痂状地衣だ。ルーペで拡大して見ると、黒く丸いニキビのようなものが見える。子器だ。

「カシゴケです。南方系の地衣です。沖縄にもあると思います」

そう先生が言う。

痂状地衣を見分けるのは、この子器の特徴が重要だ。子器の形は、お饅頭のようなものや、円筒形のもの、アラビア文字みたいにくねくねと曲がった細長いものなど、さまざまである。最初は似たり寄ったりに見えてしまうが、数を見ていくうちに、少しずつ、それぞれの特徴が見極められるようになる。記憶力の悪い僕は、子器の形をできるだけ何かにたとえることにしている。カシゴケの子器なら、イカスミで黒く染めたお米をコンブで巻いて作った巻物をスライスし、切り口を上にして皿の上に散らばしたような感じだ。ただ、よく見ると、切り口にあたるお米の部分は真っ黒ではなくて、少しだけ黄粉をふりかけたような色をしている。

樹幹に、別の痂状地衣がある。今度の痂状地衣は、子器が粒状態ではなく線がのたくったような形をしている。モジゴケの仲間だ。ヤマモト先生に出会う前、一人でやんばるの森の中で地衣を探してほっつき歩いた。そのとき目に入ったのが、樹幹に貼りついた、モジゴケの仲間だった。線状の子器を作ることからモジゴケの仲間であることはすぐにわかるのだけれど、モジゴケは種類が多いので、個々の名前はわからないまま。タイに行ったとき、バスに乗ろうと思っても、表示されている行き先が独特の形をした文字で書かれていて、どこ行きだかさっぱりわからなかったことがある。それと同じように、樹幹に書かれている謎の文字がモジゴケだ。先生は、この謎のメッセージを読み解けるのだろうか。

モジゴケは、持ち帰って、子器をスライスしてその断面を顕微鏡で観察したり、子器の中の胞子を観察したりしないと種類は決められませんと先生は言う。「沖縄に行くと、変なモジゴケがたくさんありますね」とも。

「こっちの樹皮に、クチナワゴケがありますよ」

先生が、近くの木に招く。

うーん、これはわかりづらい。ルーペで拡大してみると、ようやく細かい模様が見えるような、見えないような。線のような細い模様が子器というわけだろうか。老眼にはきびしい大きさだ。クチナワというのはヘビのことだけど、この子器をヘビにたとえるのはどうかと思う。どちらかといえば、糸ミミズだ。

寺の境内を歩いていくと、一角に古い墓石が立ち並んだ所があった。みな、吸い込まれるようにして立ち並ぶ墓石の中に入り込んでいく。地衣屋的には、スポットなのだ。その様子がおかしくて、つい、写真を撮ってしまう。墓石には痂状地衣だけでなく、葉状地衣もついていた。

「これは？」

観察会のメンバーが、先生のところについと身を寄せて、地衣類を見せた。手のひらには、くたびれたノリの干物のようなものがのっかっている。

先生は、その干物をルーペでしげしげと眺めてのち、トゲカワホリゴケですと鑑定を下した。見つけた人によると、クスノキの大木の根元付近に生えていたものだという。

黒っぽい色をしたこの地衣類は、シアノバクテリアを共生させている膠質地衣だ。カワホリとは、コウモリのこと。僕はくたびれたノリの干物と思ったのだけれど、これをコウモリの翼の被膜にたとえての命名だろう。トゲとついているのは、地衣体にウメノキゴケでも見られたような裂芽がたくさ

痂状地衣

身近で見られる種類

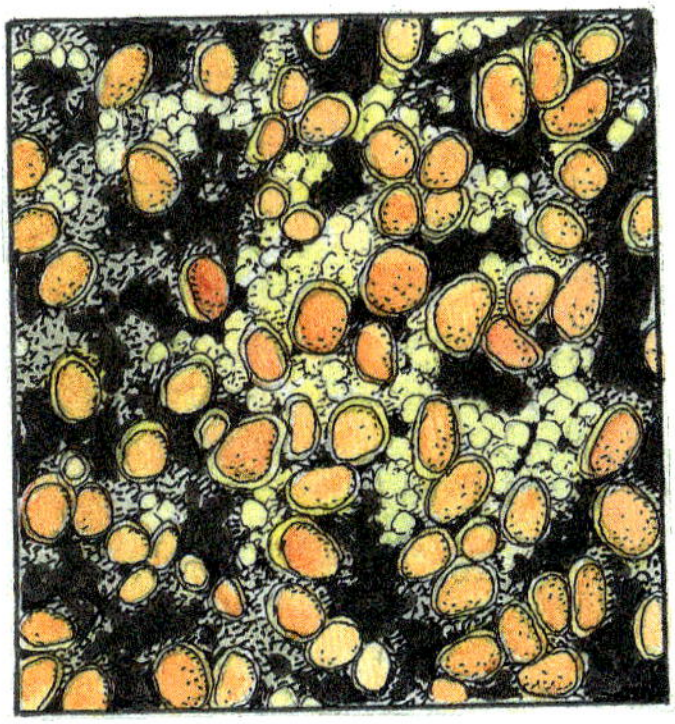

ツブダイダイゴケ

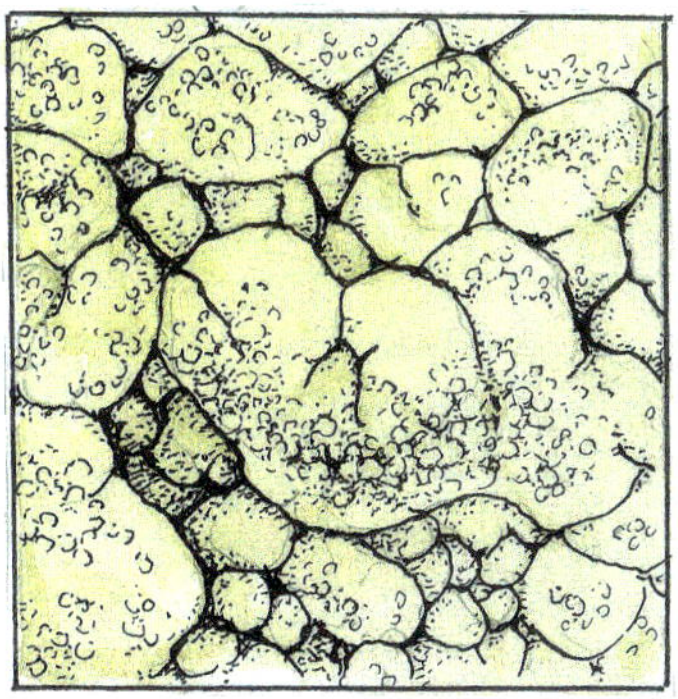

モエギトリハダゴケ

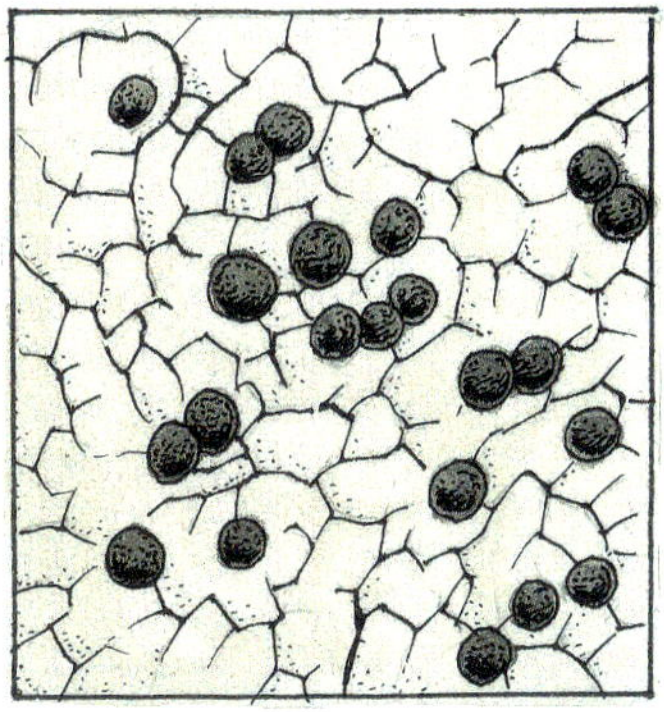

ホシスミイボゴケ

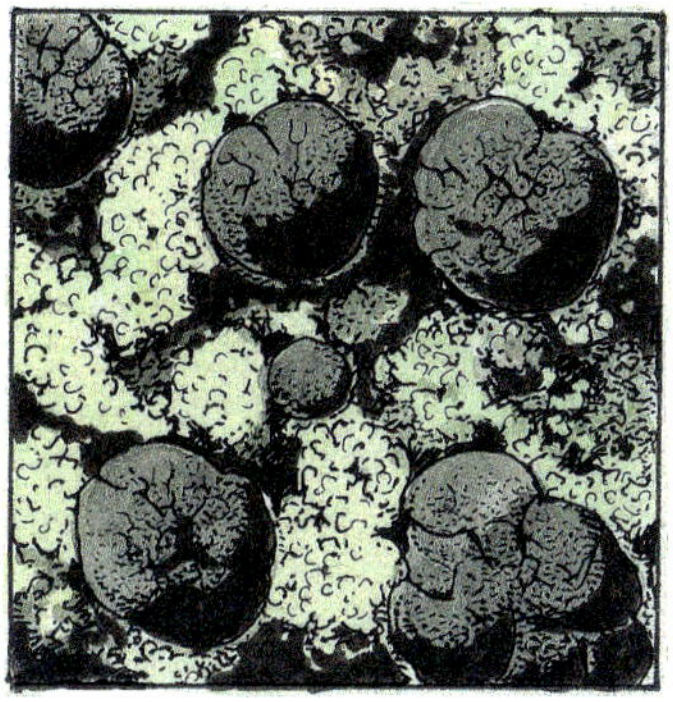

ハコネイボゴケ

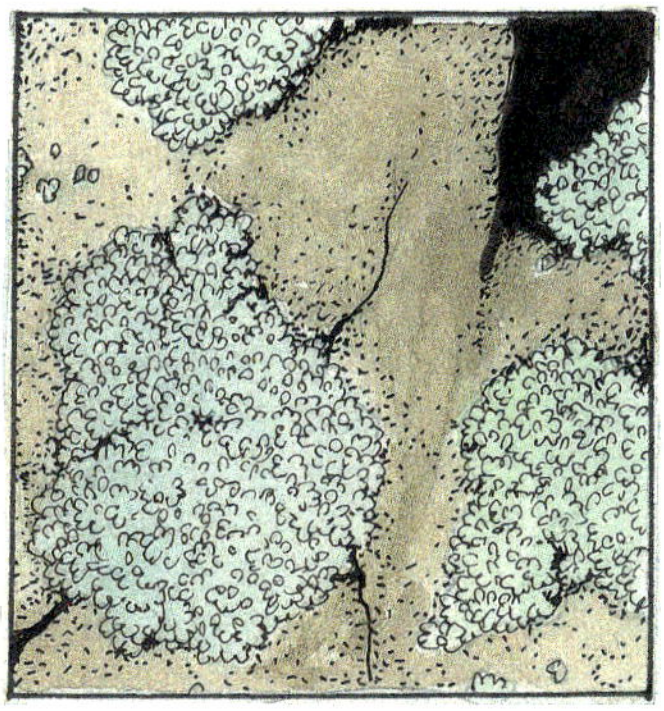

レプラゴケの一種

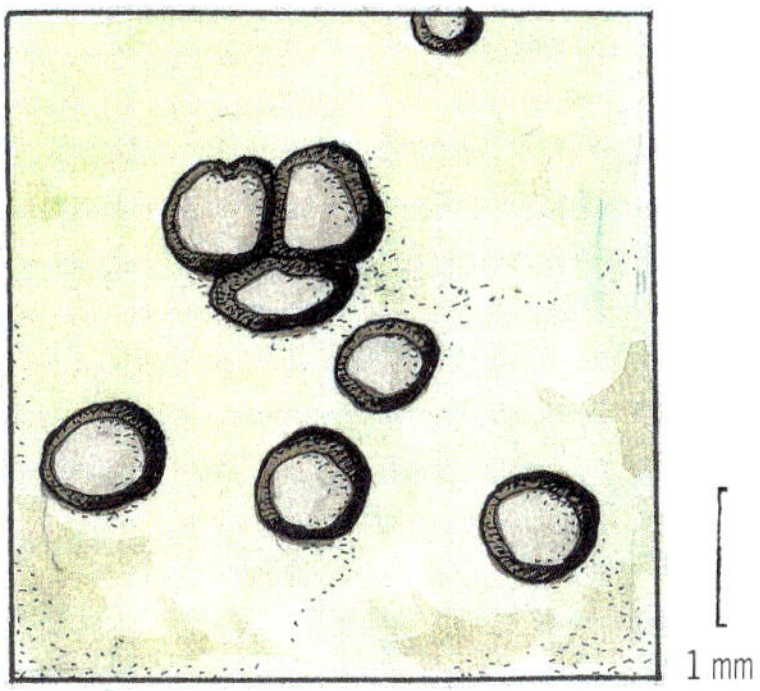

ヘリトリゴケ

モジゴケの仲間

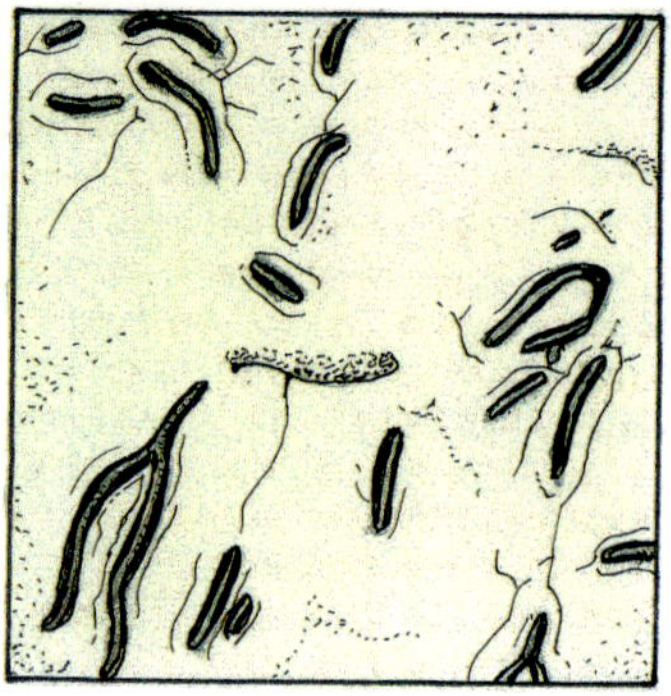

モジゴケ

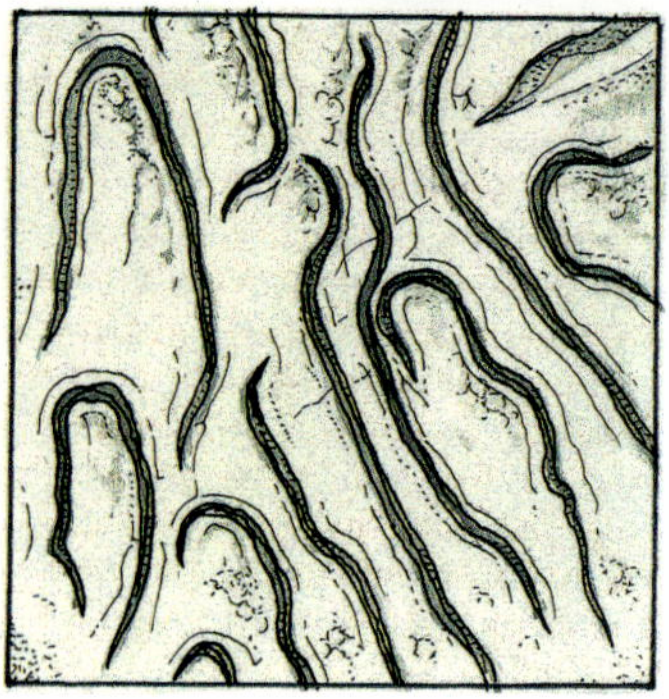

ホソモジゴケ

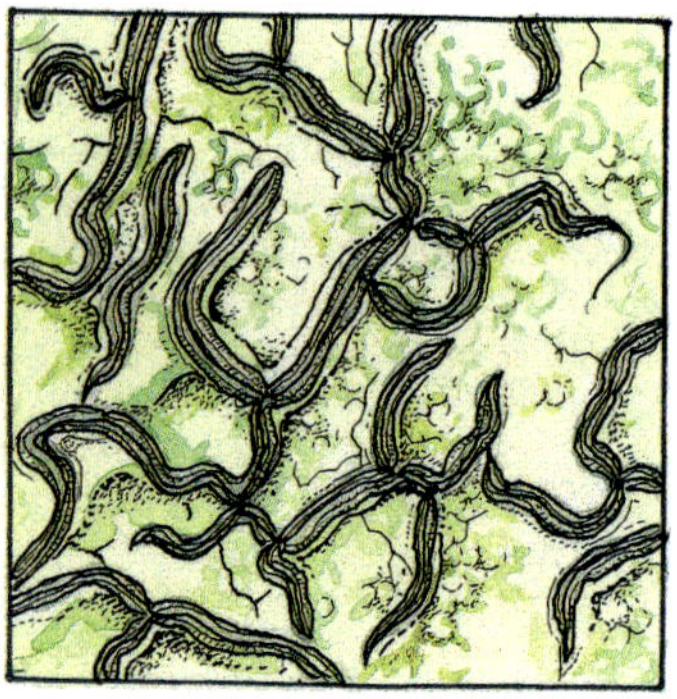

クロセスジモジゴケ

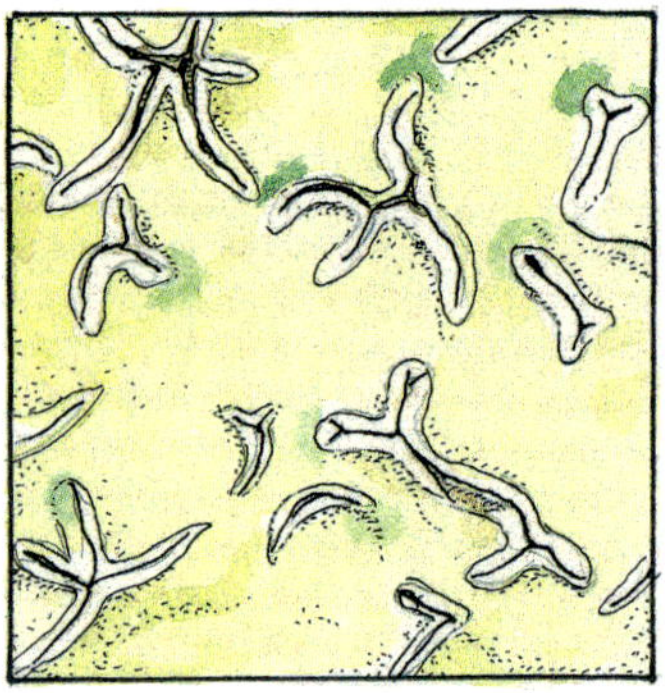

スジモジゴケ

1 mm

セスジシロモジゴケ

ホシガタモジゴケ

さまざまな痂状地衣

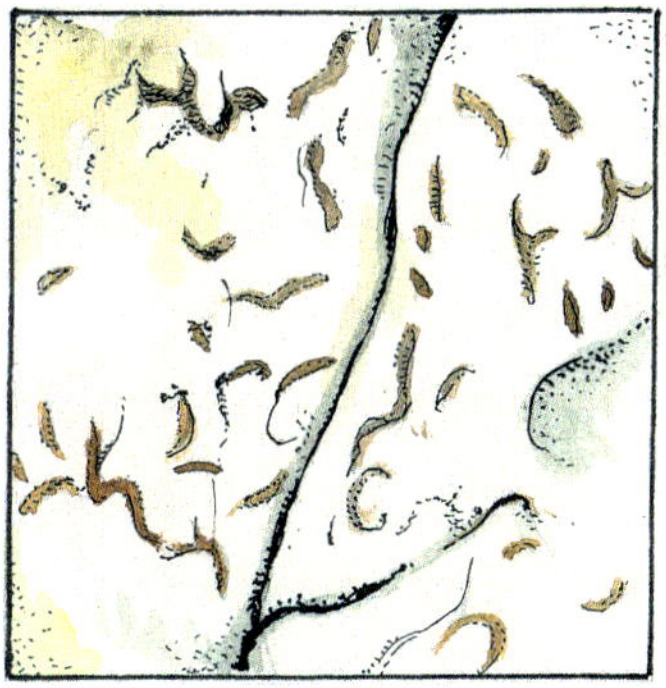

クチナワゴケ

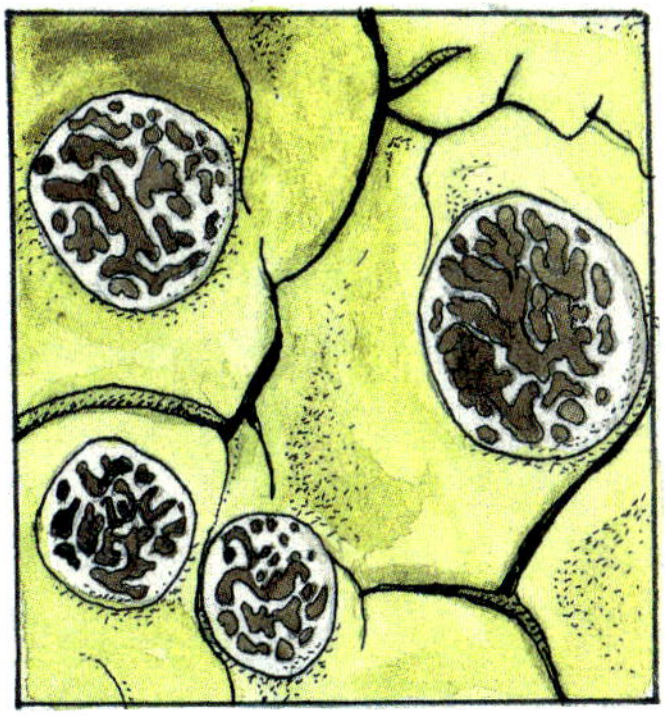

アミモジゴケ

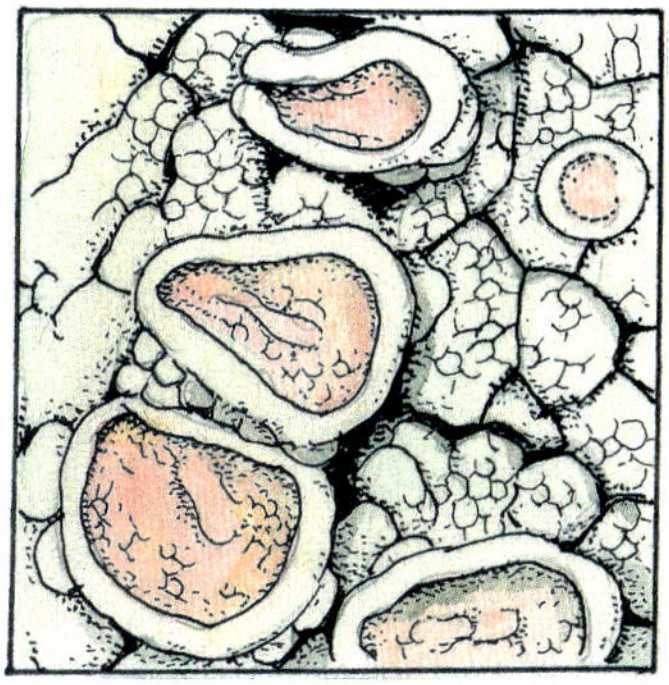

イワニクイボゴケ

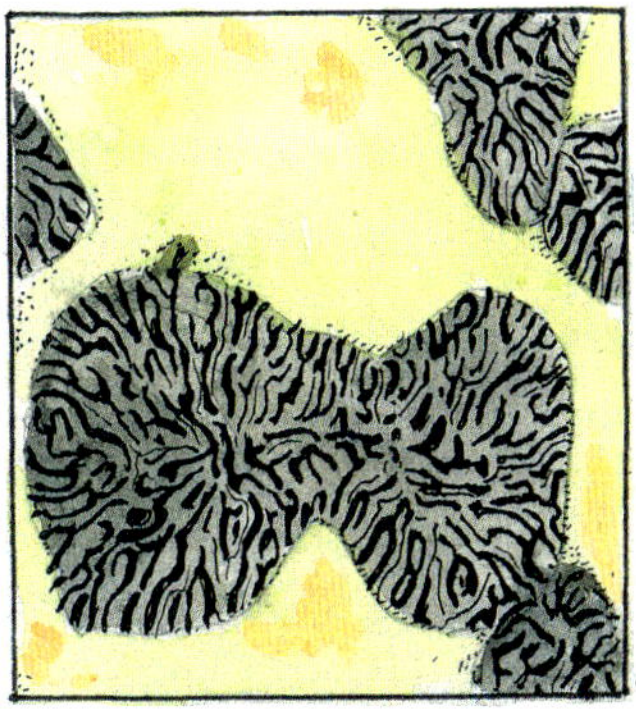

ホシダイゴケ

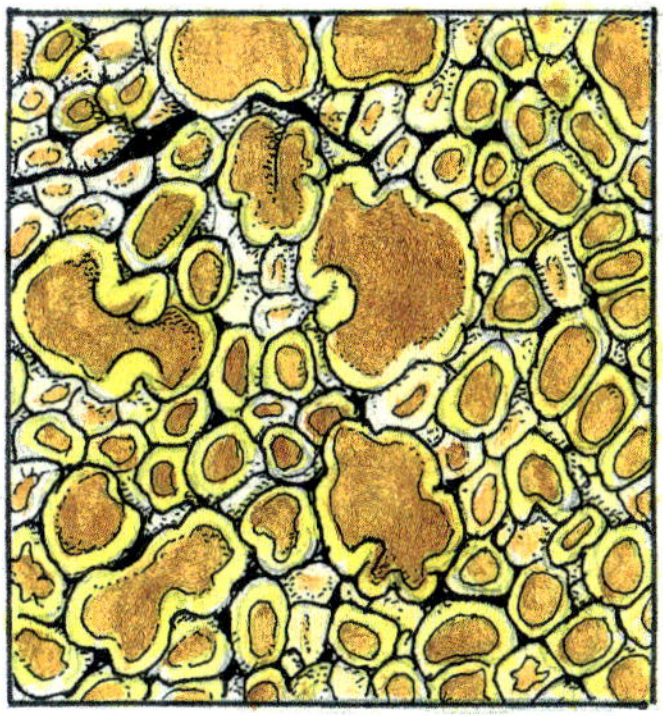

ダイダイゴケ

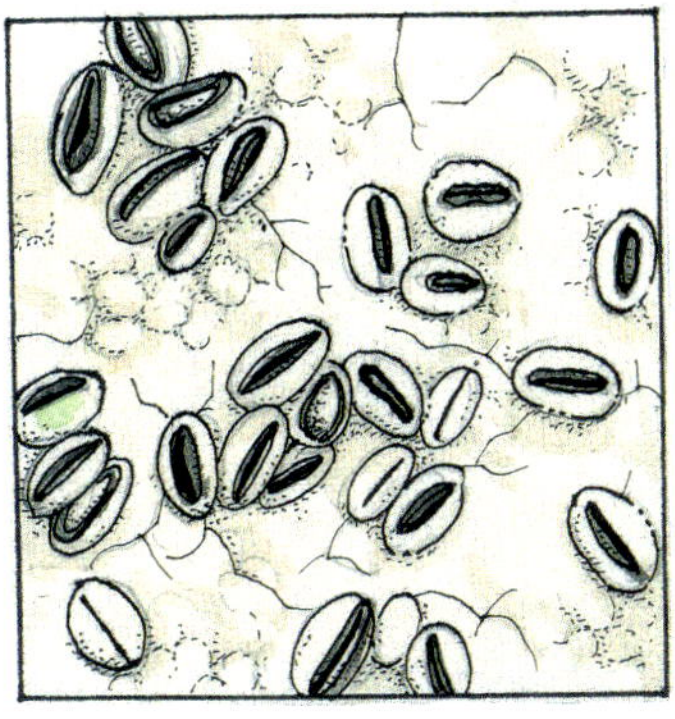

ツブシロミモジゴケ

古い墓石に
引き寄せられる
地衣屋

墓石は地衣屋にとって見のがせないポイントの一つ

んついているから。コナ○○ゴケと名がついた地衣類がたくさんあるように、トゲ○○ゴケと名付けられた地衣類もたくさんある。

「こっちのは何ですか？」

別のメンバーが、また先生を呼ぶ声がする。

手水鉢のまわりの石には、緑色が鮮明な葉状地衣がいくつもある。ほとんどはコフキヂリナリアだ。ただし、一つだけ葉状体の形が違っているものがある。

「剥がさないとわかりません」

先生、そう言う。

痂状地衣の識別ポイントは子器だった。葉状地衣の場合、子器をめったにつけないものもある。葉状地衣の場合の識別ポイントの一つは、葉状体の裏側や断面だ。表面はみな似たような色合いをしているけれど、裏面や断面が特徴的な色をしているものがあるのだ。また、葉状体の下には、偽根《ぎこん》と呼ばれる、基質にくっつくための根のようなものがあるが、この偽根の形状も識別点になる。

ヤマモト先生は、黒い肩掛け鞄一つという出で立ちだ。鞄の両脇につけられたポケットには、それぞれペットボトルと折り畳み傘が差し込まれている。鞄の中身は弁当、先生自著の地衣類図鑑、採集した地衣類を入れる封筒（先生の場合は何かの文字が印刷されている封筒を採集袋として転用している）、ペン、タガネとハンマーのセット、それに二つの地衣剥がし……とでもいうべき道具だ。そのうちの一つは、握りの先に弾力のある細長い金属がついたヘラ。コーキングヘラと呼ばれるもので、塗料コー

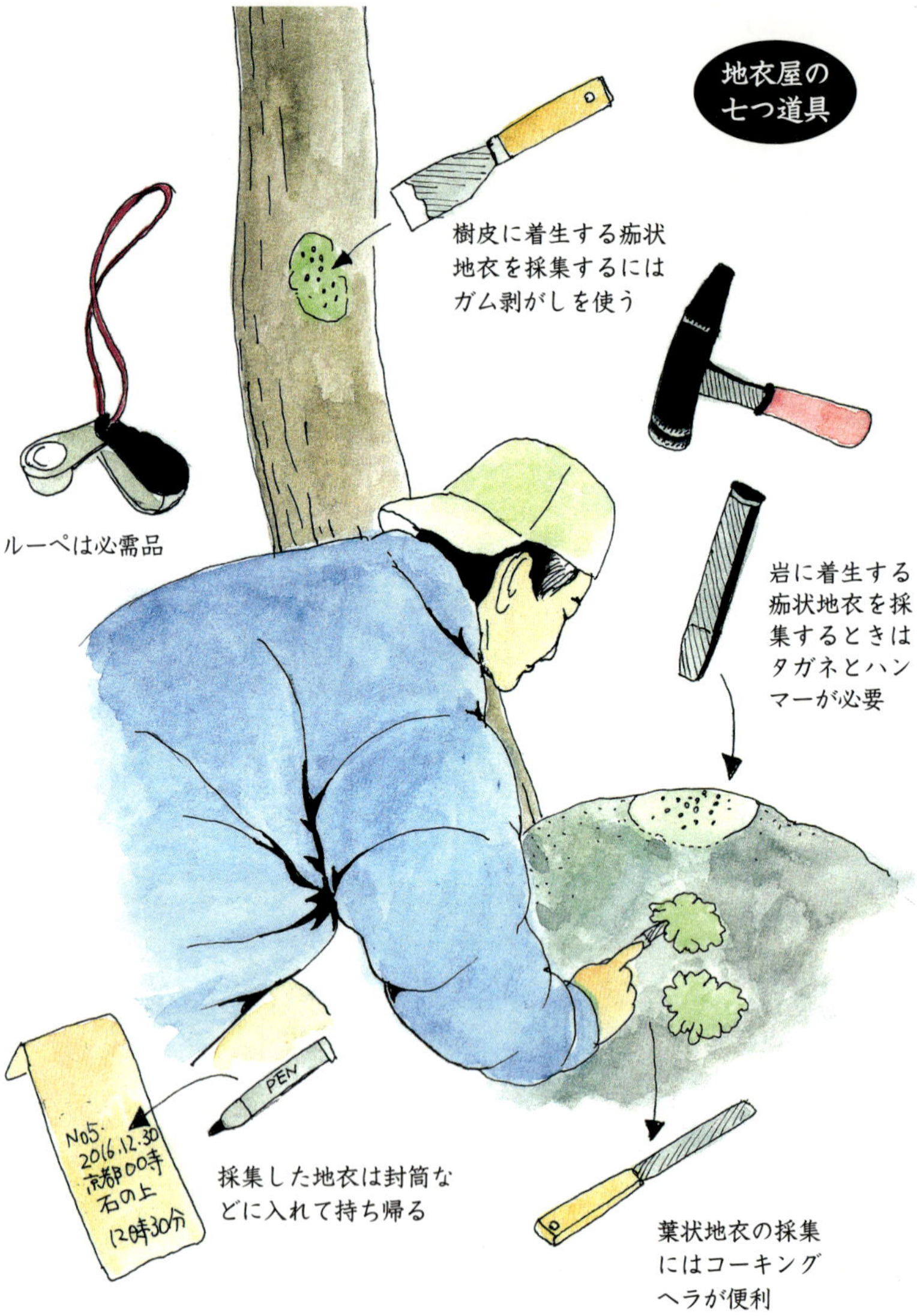
地衣屋の
七つ道具
樹皮に着生する痂状
地衣を採集するには
ガム剥がしを使う
ルーペは必需品
岩に着生する
痂状地衣を採
集するときは
タガネとハン
マーが必要
PEN
No5.
2016.12.30
京都○○寺
石の上
12時30分
採集した地衣は封筒な
どに入れて持ち帰る
葉状地衣の採集
にはコーキング
ヘラが便利

ナーで売られているのだという。これは葉状地衣を基質から剥がしたりするときに使う道具だ。もう一つは、駅構内で駅員さんがガム剥がしに使っているような、先端部が刃になっているヘラ状のもの。こちらは痂状地衣を基質の木の幹ごと削って採集するときに使う（メンバーの一人は、「段ボールカッターも使えますよ」と、僕に見せてくれた）。

先生の鞄の中の七つ道具のうち、コーキングヘラの出番となる。石と地衣のすきまにヘラをあてがい、一部だけを剥がし取る。このとき、人差し指は地衣にあてて、剥がした地衣がうっかり落っこちてしまわぬようにしている。そうして、地衣の裏側をチェック。葉状体は、ウメノキゴケに比べると、ずっと細かな切れ込みがある。その葉状体の裏側は、結構、鮮やかな黄色をしている。

「キウラゲジゲジゴケです。裏が黄色いのは、これしかありません」と先生。

ゲジゲジゴケというのは、葉状体の裏側に生えている偽根がゲジゲジの脚のようだということ。似たような名前にムカデゴケとつけられた地衣がある。これまた、ムカデの脚のように偽根がたくさん生えているということなのだけど、ゲジゲジゴケでは、ゲジゲジゴケの方が、偽根が長く、まばらという特徴がある〔45ページ図〕（実際、ゲジゲジの脚の方が、ムカデよりも長くて、本数も少ない。なお、ヤスデゴケというのもあるが、これは地衣類ではなくて、蘚苔類。ちょっと、ややこしい）。

「先生、あれ……」

段ボールカッターの使い手であるメンバーが、参道脇のモミジの樹幹に先生の注意を向ける。見ると、背よりもやや高いところに、赤い点々があるのがわかる。幹の上下周囲を見回しても、そんな点々がついているのは、その一か所だけだ。この点々、痂状地衣の子器なのだ。ザクロの実の粒のように赤いから、ヒメザクロゴケと名付けられている。痂状地衣としては、破格にきれいな色をした地衣といってもいい。カシゴケの子器は、地衣体にぱらぱらと散在しているが、ヒメザクロゴケの子器は、寄り集まってつく。ヒメザクロゴケの子器はザクロ色をしているというわけだが、このとき見たものはザクロ色というよりは熟したカキの実のように、オレンジ色を含んだ赤だった。子器には白っぽい縁取りがあるので、拡大して見ると、オレンジジャムを載せたタルトを連想してしまう。このヒメザクロゴケ、地衣屋的には、「わりといい地衣」なのだとか。生き物屋が対象としている生き物を「いい虫」だとか「かっこいいキノコ」だとかいう場合は、姿かたちに加えて、レア度が高いということも加味されている。すなわち、ヒメザクロゴケはきれいな地衣類というだけでなく、どこにでもある地衣ではないということだ。ヒメザクロゴケは南方系で、ヤマモト先生らの調査から、和歌山ではあちこちにあることがわかってきている。

たとえこうして「いい地衣」が見つかろうが、叫び声も上がらず、あくまでたんたんと一行は進む。

◉境内でゆるゆると

境内の中でも、木立に囲まれた一角に差しかかると、さしもの地衣屋の集団も、足が少し早まる。木立の陰が深く、地衣類が暮らすには暗いのだ。

再び開けたところへ。本堂が立ち並ぶ一角である。ただし、誰もお堂とかには目をくれない。目指すは本堂脇に植えられているクスノキの大木の方だ。その根元近くに、黒っぽい、ノリの干からびたようなものがくっついている。シアノバクテリア共生の膠質地衣である。

「シアノバクテリアを共生させている地衣は、緑藻を共生させているものより、より湿ったところが好きです。クスノキの樹皮はコルク質が厚くて、湿気を貯めるんです。しかも、より湿度条件がいい、地面に近いところについていますね。同じように見えるかもしれませんが、ここには二種類の地衣がありま す。より色が黒っぽいのはカワホリゴケ。ちょっと青っぽく見えるのがアオキノリの仲間です」

今回は、お寺から、事前に採集許可をもらっている。そこで、クスノキの根元に生えているアオキノリの仲間も、先生が少し採集して、ルーペで確認。コナアオキノリということだった。

「木の種類が違うと、ついている地衣も違います。つるっとした樹皮とコルク質の厚い樹皮では、つく地衣が違うわけです」

そう、先生が言う。

確かにツバキ科のモッコクのつるっとした樹皮には、クスノキのように干からびたノリはついていない。代わりに痂状地衣が貼りついている。小さなイボイボが樹皮に見える(皮膚の病気みたいで、ちょっと気持ちが悪い)。このイボイボが子器だ。拡大して見ると、形がいびつな豆入り大福のよう。ただし、大福の皮にあたる部分は白ではなくて、黄色味がかっている。この地衣に名前を付けた人が豆入り大福を連想したわけではないだろうが、その名もマメゴケという。「これも、たぶん、南方系の地衣です」と先生。

こんなふうに、その場ですぐに名前がわかる地衣もある。モジゴケの仲間のように持ち帰ってからでないと名前が決められない地衣もある。たとえ持って帰っても名前がわからないだろう地衣もある。やっぱり、地衣類の名前を知るのは大変なことだ。

「地衣類は子囊菌が多いわけですが、子器をつける時期ってあるんですか？」

キノコ屋のマルヤマさんが、先生にそんな質問を投げかけた。

「痂状地衣は年中つけてますよ。種類ごとに違いはありますが」と、先生。

「そうですか。チャワンタケは春に出るイメージなんですけど」とマルヤマさんがつぶやく。

「ウメノキゴケは裂芽で増えると先生は言われましたが、子器をつけたりと有性生殖もするんですか？」

大学生のキタオ君も先生に、そんな質問。

「普段はしていないと思います」という答え。「ただし、ウメノキゴケの子器、三回見たことがあります」とも付け加えた。

すごい。ウメノキゴケの子器を何回見たことがあるかで、その人の「地衣屋度」がわかりそう。

「キウメノキゴケの子器は二回しか見たことがありません。だからキウメノキゴケの子器を見ると、すごく嬉しくなります。コフキヂリナリアの子器見たことがありますか？　実はまれに子器をつけるんですよ。僕もまだ一回しか見たことがないです」

すごい。ウメノキゴケの子器よりもレア度が高い？　コフキヂリナリアなんて、沖縄では最普通種だと思っていたけれど、その子器ならぜひ見てみたい。

「サルオガセの子器も普通は見ないですね。特別な種では子器をつけるものもありますが。このあたりでもよく見るアカサルオガセも子器をつけますが、僕はまだ見たことがありません」

面白い。子器のつける頻度は、同じ地衣類といっても、ずいぶんと違うことがわかる。

こんなやり取りをしていたのだが、ふっと、ヤマモト先生がしゃがみこんで、「珍しいものがありますよ」と樹下を指した。地面がうっすらと緑色がかっていて、そこに白い小さな球状のものが散らばっている。拡大したものをたとえるなら、粉砂糖をまぶした団子を、まっ茶パウダーを撒いた皿の上に散らばした状態とでも言おうか。

「コナセンニンゴケです。白いのは粉芽です。こうした地衣はコケが生えると負けちゃうんですね」

コナセンニンゴケの登場に、これまであくまで静かに立ち振る舞っていた他のメンバーも色めき立ち（と書いたものの、やっぱり叫び声も上がらないし、挙動も静かなままなのだが）、カメラを取り出し写真を撮り、はたまたヘラで一部をすくい取って封筒に収める姿が見えた。

まだ、ある。

近くに植えられているモミジのなめらかな樹幹の根元近くには葉状地衣がたくさん貼りついている。ヘラを使って剥がし、裏側を確認。ゲジゲジゴケよりも短い偽根がたくさん生えているムカデゴケの仲間、クロウラムカデゴケだった。クロウラムカデゴケは葉状地衣だが、子器をよくつけている。内側が濃いセピア色の、縁の厚い茶碗型の子器だ。こうした子器を見ると、チャワンタケを連想する。地衣類が子嚢菌の仲間と言われても納得する瞬間だ。それより幹の上についている痂状のモジゴケの仲間は、やっぱり、持って帰ってみないとわからないとのこと。

池のほとりのウメも、見事に地衣まみれになっている。幹に生えている葉状地衣は、ウメノキゴケのよう？　ところがルーペで見ると、葉状体のへりから細く黒い毛のような突起が何本も突き出ている。この突起をまつ毛に見立てた、マツゲゴケである。電車の中での先生との会話に登場したが、マツゲゴケは門松ウォッチングでもよく目にする地衣類だそう。そのウメの木の脇に置かれた石の上に、樹枝状の地衣が立ち上がっている。ヤマトキゴケだという。

ムクロジの木もある。樹幹はつるっとしたタイプだ。見ると、地衣のパッチが散在している。最初に目につくのは先ほどモッコクの樹幹で見たマメゴケだ。そのほかに、マメゴケのように大福もちを連想させる子器をつけた地衣類がある。こちらの子器の表面は白だ。てっぺん部分はひらたく、黒い細かな模様がある。モジゴケの仲間のアミモジゴケである。たとえるなら、饅頭のてっぺんを平たくならして、細かな焼き文字を入れたような姿の地衣だ。普通のモジゴケの仲間は地衣体の上に線状の

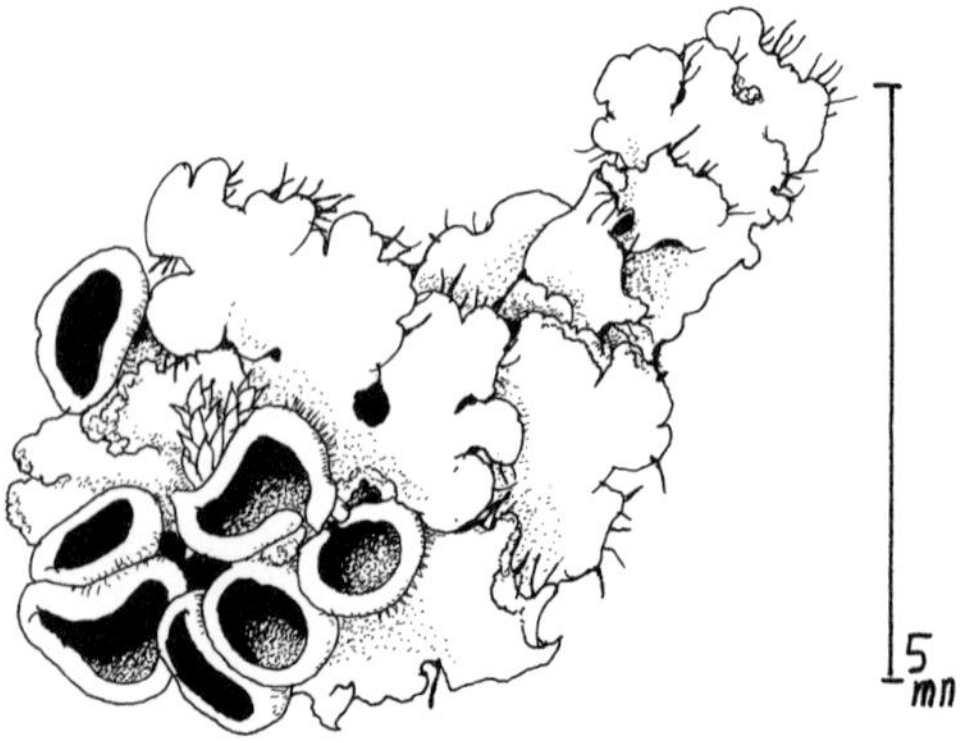

クロウラムカデゴケ［和歌山］

「文字」がのたうっているのだけれど、この地衣の場合、「文字」は地衣体に散在している「お饅頭」の上に書かれているわけ〔99ページ図〕。

境内の端っこの土手には、立体的な形をしたドテハナゴケや、痂状地衣のヘリトリゴケの姿も。ヘリトリゴケの子器はカシゴケの子器のように円盤型をしている。縁取りの部分はこげ茶色がかっている。真ん中の部分は、小豆クリームのような色合いだ。

塀の屋根を見ると、瓦の上にはコフキチャリナリアの姿がある。と、先生がヘラを使って、コフキヂリナリアを剥がして、採集している。こんな普通種をわざわざ？　と思ったら、「コフキヂリナリアはなかなかきれいに剥がせないんです」とのこと。確かにウメノキゴケなどの葉状地衣は、がんばればヘラがなくても剥がせるけれど、コフキヂリナリアは痂状のように樹皮ごとでないと剥がせない葉状地衣だ。さらに、鬼瓦にウメノキゴケがついている。もちろんウメノキゴケは普通種だけれど、鬼瓦についている姿はビジュアル的にいい……ということで、先生は、カメラを取り出し、写真をパチリ。

帰り道もゆるゆるだ。

行きにはカエデの樹幹にヒメザクロゴケがついているのを見つけたけれど、帰り道では、ふと目にはいった落枝にヒメザクロがついていて、先生もびっくり。「こんなところに君はいたのか」なんて言っている。

地衣を「君」呼ばわりである。

こうして午後二時半。三時間余りの観察会が終了した。

◉東京・御岳山にて

初めての地衣観察会から三か月後の春休み。

今度は東京で開かれた、ヤマモト先生の地衣類観察会に参加を申し込んだ。めざすは御岳山《みたけさん》。

新宿からホリデー快速・奥多摩行に乗ろうとしたら、人身事故でダイヤが大乱れ。どうなってしまうのだろう。僕は機械音痴もきわまっていて、ケータイに電話番号の登録ができない（もはやケータイどころかスマホの時代になっているのに）。集合時間が変更になっても、電話連絡の取りようがない。加えて記憶力が薄い。ヤマモト先生の顔を思い出せるかも不安なのだ。で、電車内をうろついていたら、裾をひかれた。ヤマモト先生である。やれやれ。

御嶽駅《みたけえき》に十時半着。すし詰めのバスに乗って、ケーブルカー駅へ。そんな車中であるが、前から気になっていたことを聞いてみる。リトマスゴケのことである。前章で紹介したように、リトマス試験紙に使われるリトマスと呼ばれる染料は、地中海沿岸産のリトマスゴケと呼ばれる地衣から作られる。写真で見るとリトマスゴケは樹枝状の地衣で、なかなか「かっこいい」。手に入れられないかと思ったが、地衣そのものの姿では日本では売られていないよう。そもそも、採取しすぎて、地中海沿岸のリトマスゴケは絶滅寸前という記述も読んで、びっくり。

誰もが知っているリトマス試験紙と関わる地衣が絶滅の危機にあるなんて。

「リトマスゴケは絶滅しちゃったんですか？」と先生に聞く。

「いえ」とヤマモト先生。「地中海産のは絶滅状態ですが、カナリー諸島産のものがおそらくまだ採取されていて、本物から取り出した染料が流通しているようですよ」と。

カナリー諸島とは、太平洋上に浮かぶ島々だ。かつてポピュラーだった飼い鳥のカナリアの原産地でもある。大陸から離れた島なので、独特の生物相で知られるところだ。僕が死ぬまでに一度は行ってみたい場所のリストに名をあげているところの一つである。

ケーブルカー駅にバスが到着。この場所の標高はおよそ四〇〇メートル。ここから四〇〇メートルをケーブルカーで登る。所要時間は六分だ。ところが、山頂駅に着いたところで、一行十名のうち、二人が乗り損ねていたことが判明した。次のケーブルカーが着くまでに十五分はかかる。しかし、地衣の利点は、いつでも、どこでも……であった。さっそく、山頂駅付近に散らばって、それぞれが地衣類チェック態勢へ。

前回、和歌山での観察会は、参加者十名のうち、地衣初心者の大学生であるキタオ君、それに本来キノコ屋のマルヤマさんとマユミさん、虫屋のマサトさんと、僕を含めて非地衣屋組が半数を占めていた。が、今回は、僕のほかには、若い女性（生物屋でもなく、化学屋さんだそう）一人だけが非地衣屋組。残りは互いに顔馴染みの地衣屋さんたちだった。

御岳山は古くから信仰を集めた場所で、山頂から御岳山神社に向かう途中に宿坊もある。山頂駅から神社に向かう道の脇に石垣が積まれているのだが、地衣屋的には、その石垣がまず目につく。ところが、石垣に近づこうとして、手前に置かれたベンチをまたぎかけたヤマモト先生が、「おやっ。この辺にもいっぱいついていますす」と木製のベンチを指さす。言われるとそのとおりで、ベンチには葉状地衣が貼りついている。ウメノキゴケに似ているが、葉状体が、やや黄色味をおびたキウメノキゴケと、やはりウメノキゴケのように見えるが、葉状体はグレーがかっていて、そのところどころに白い点が散らばるハクテンゴケだ。キウメノキゴケはウメノキゴケに比べると北方系なのだとか。

「地衣は、その気になればどこにでもあるけど、普段は気づかないことが多いよね」

先生は、初心者組の一人、化学屋の女性にそう声をかけている。

やがて、乗り遅れた二人も次のケーブルカーで無事到着した。しばらくは見晴しも日当たりもよい山道をゆるゆる歩く。標高八〇〇メートルだが、三月ともなると、結構暖かい。観光客や参拝客が大勢行きかう中を、地衣屋の一団がゆく。しかし、このあたりはさほど地衣類が見当たらない。道の一方にはコンクリート製の擬木の手すりがあるが、その表面に橙色の子器をつけた痂状地衣がくっついている。おそらくツブダイダイゴケでしょう……と先生。

「ツブダイダイゴケは環境条件に耐性があって、一番よく見かけるのは街中のコンクリートの蓋とかについているものです。たぶんアルカリにも強いんです。どこにでもある地衣なので、東京の都心にも生えています」

そんな解説が続く。蘚苔類の中にも、ハマキゴケのようにコンクリート上でよく見かける種類がある。コケ師匠に教わったのは「カルシウムも多すぎると植物にとって害になる」ということ。花をつける植物の場合でも、石灰岩地には特有の植物が見られるが、コケや地衣類でも、ミニ石灰岩地であるコンクリート上には、特有のものが生育するというわけだ。そして確かに、それと気にすると、ダイダイゴケによって橙色に色づいたコンクリートは、東京などの街中でも普通に目にする。これが生き物とは、まず思わないかもしれないけれど。

さらに進む。

やがて道は杉木立の中へ。日陰には、まだ雪が残っている。ただ、杉の日陰は地衣が生えるには、暗すぎる。

「うーん。御岳山の参道、意外と地衣がついていないなぁ」と先生が言う。

◉一本の木に三十分

杉木立を抜けると、道は宿坊や民家の建つ一角へ。その宿を囲う板塀（白くさらされた板）に目を向けて、「あっ」と先生が声を上げた。言われてみると、板塀の表目に不規則な白いしみのようなものがある。さらによく見ると、その白いしみの中にぽつぽつと数ミリ程度の黒い出っ張りが突き出ている。虫ピンのような形をした微小突起。この「しみ＋微小突起」が地衣。ピンゴケの仲間という。

これは僕でも説明をされなければ、地衣とはわからない。心霊写真みたいだ。「ほら、ここに顔が写っているでしょ」と言われて、「そう言われれば」みたいな。

地衣軍団、さっそく壁に張りついて、写真を撮りはじめている。

たまたま通りかかった若者が、「何をしているんですか？」と声をかけてくる。確かに怪しい。地衣軍団の面々が忙しそうだったので、「キノコの写真を撮っているんですよ」と解説をした。僕が解説をするのも、何なのだけど。

「えっ、キノコ？」

そう声を上げた若者たちだったが、目を凝らして壁を見つめて「あっ、ホントだ。何か出ている」……。

「食べられないですよねぇ」という一言もあって、「キノコ＝食」というイメージは根強いのだなと改めて感じさせられる。

若者とのやり取りを終えると、地衣軍団の面々も一息ついている。

「こういうところに生えているピンゴケは、剥がすわけにはいきませんねぇ。ときに重要文化財に指定されている建造物の壁にピンゴケがついていたりするんですよ。もうどうしようもないです。ピンゴケ、採集できないと、ちゃんとした名前を決められないんです。ピンゴケにも種類があって、こうした明るいところにいるのは二種類あるんです。ただ、この塀に生えているのは腐生のやつかもしれません。共生藻はいないと思いますよ」

板塀の前で、先生がピンゴケの解説をしてくれる。

この解説を聞いて、またハテナマークが頭に浮かぶ。共生藻がなくても、地衣類っていうんでしょうか？　というか、ピンゴケって、同じ仲間の中に、地衣化するものと、地衣化しないものがあるってことですか？　ピンゴケって、地衣類的にグレーゾーン？

「地衣化した後に、藻類が抜けたのかもしれませんが」

一見ただの「しみ」だが、よく見ると虫ピン型の突起が突き出ていた。地衣類のピンゴケの仲間

［御岳山］

壁の「しみ」に
見入る地衣屋

そう、先生。ますますハテナマークが浮かんでしまう。

『地衣類生物学』を後で見返したら、地衣類とはどこからどこまでかという範囲決めをおこなうのが難しいのだと書かれていた。地衣化の度合いがいろいろであるからだそう。そのため、地衣類を定義する単一の定義はないとも書かれている。それからすると、まさしくピンゴケはグレーゾーンに位置している地衣類だろう。同じピンゴケの仲間でも、地衣化するものとしないものがある。加えて、場合によっては、同じ個体でも地衣化しているときと、していないときがあるよう。

道沿いに立ち並ぶ家々のなかには、いまだ茅葺のものもある。その屋根がまた、「コケ」むしている。緑色に見えるのは蘚苔類。茶色に見えるのは地衣類だ。

「地衣は普通、もっと白っぽいものですが、日当たりがいいところに生えているので、こげ茶色になっているんです。これはメラニン色素がたまっているからで、まあ、日焼けのようなものです」

こう、先生。地衣も日焼けをするのかと、またびっくり。

少し歩いた先の石垣には、さきほど駅前のベンチに生えていたのと同じ、キウメノキゴケが生えていた。

「キウメノキゴケは、石にも木にもつくんですね」と僕が言うと、「石と木という基質の差よりも、湿度環境を選んでいるんだと思います」と先生。「石の方が乾きやすいわけです。キウメノキゴケは、あまり湿度を必要としないのかもしれませんね」と続いた。

この石垣には、樹枝状地衣のヒメレンゲゴケらしきものもあった。「らしき」と書いたのは、先生でも持ち帰らないとちゃんとした種名がわからないということだから。外見で区別ができないような似た種類がある場合は、標本を採集して、持ち帰って調べることになる。子器の断面や胞子を顕微鏡観察する場合もあるし、含まれている地衣成分を調べる場合もある。ヒメレンゲゴケ（？）の場合は、地衣成分を調べる必要があるということだった。

と、ヤマモト先生が、石垣から剥がれ落ちたキウメノキゴケに目をとめた。「かわいそうに」とつぶやいて、石垣のよさそうな場所に、そのキウメノキゴケを載せている。

地衣を見て、かわいそうにとか思えるか。

それもまた、地衣屋の度合いを測る基準になるかもしれない。

そういえば、この観察会の少し前、久しぶりに僕のコケ師匠と会って話した際に、師匠が「コケの方が地衣よりルックス的にかわいい」と言っていたのを思い出し、地衣軍団の面々に紹介したらみんな、爆笑していた。

「あと、二十年したら、考えが変わります」となかの一人が言う。それって、地衣類は大人の趣味ってこと？（まあ、子どもはあんまり地衣類なんて喜ばないな）どっちもどっちの気がしなくもないけれど。

その先の道沿いの宿坊の庭に、大きなモミジが一本立っていた。このモミジの樹幹にいろいろな地衣がついているので、地衣屋が再び釘付けになる。

まずはマツゲゴケが生えている。さらに葉状体につぶつぶがついているトゲハクテンゴケ。

「ハクテンゴケは粉芽をつけます。トゲハクテンゴケがつけるのは裂芽です」とのこと。

加えてウチキウメノキゴケも生えている。ウメノキゴケやキウメノキゴケの場合、子器はまれにしか見つからないと書いた。が、ウチキウメノキゴケは、茶碗型の子器をたくさんつけていた。その子器をちょっと爪でけずって、「断面が黄色っぽいのが、この地衣の特徴です」と先生が言う。ウチキというのは内気ではなく、内黄なわけ。さらにさらに、トリハダゴケもついている。まだ、ある。

「サネゴケもついていますね。こっちはウスキトリハダゴケ。こっちはホソクチトリハダゴケ。このモジゴケは何だろう？　普通のモジゴケとは違っているから、ホコリモジゴケかなぁ」

さすがに、ついていけない。それにしても、一本の木に何種類の地衣類がついているんだろう。それに気づく地衣屋というのも、すごい存在であるわけだが。「一本の木に三十分張りつ

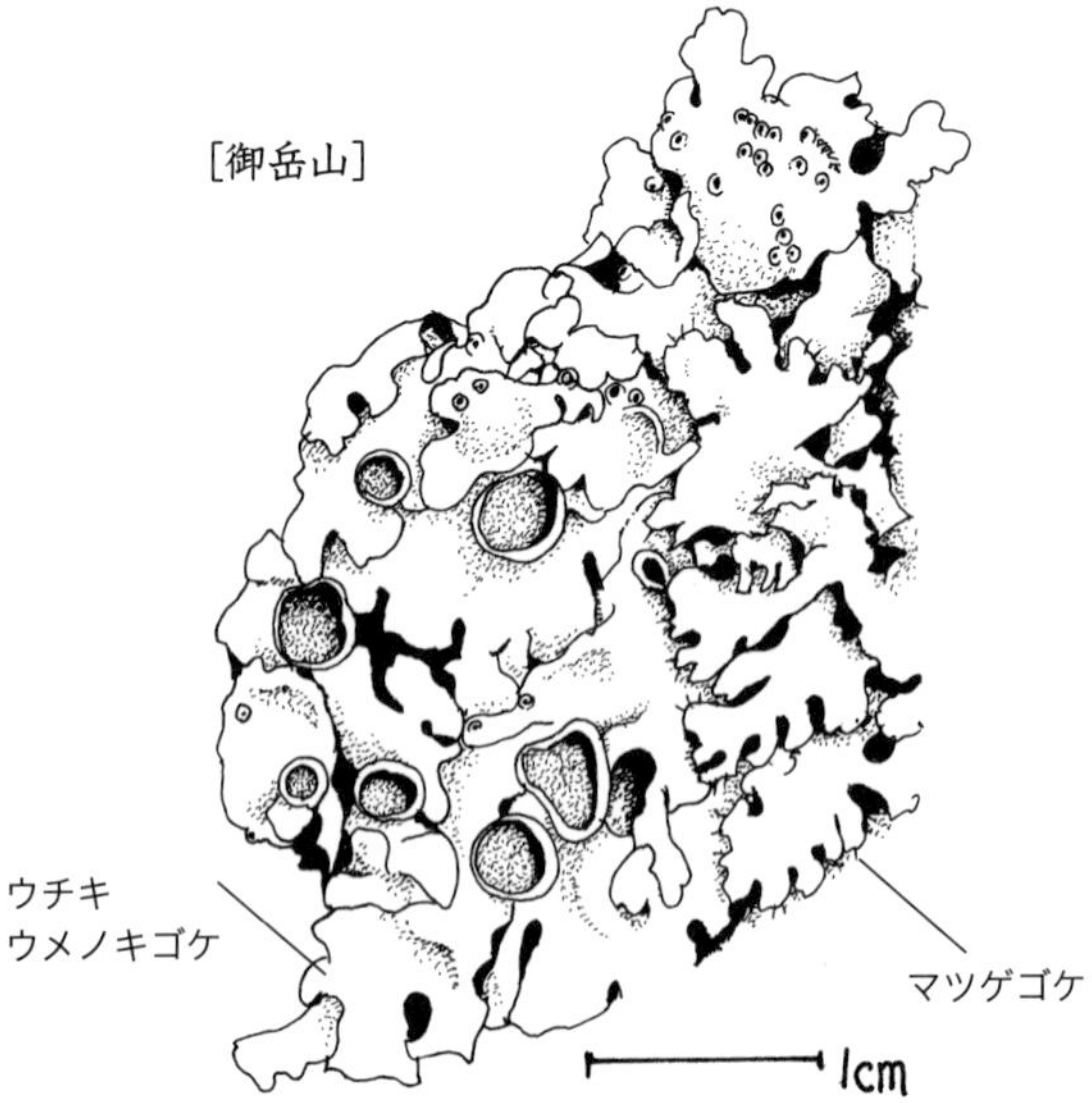

いて地衣類を見てたなんてこともありますね」と笑いながら先生が言う。

ふと気づくと、一行のなかの何人かの姿が見えない。この木とは別のところで、地衣に呼ばれているらしい。異能者の集まりである。昼食時も、非地衣組を除いたみんなで専門話に花を咲かせていた。

九二九メートルの山頂近くに社殿がある。社殿は銅葺き。その社殿下を覗き込んで、そこに生えているコケがホンモンジゴケっぽいですねと、メンバーの一人、ナカジマさんが言うのを耳にした。どうやらナカジマさんは地衣類だけでなく、蘚苔類にも興味を持っているらしい。ホンモンジゴケは銅耐性を持つコケとして名高い。名前の由来は東京の池上本門寺。その境内の軒下、屋根から銅イオンを溶かし込んだ水が落ちるところに生えているコケだ（僕は本門寺までホンモンジゴケを見に行ったことがある）。金属イオンは濃度が濃い場合、生き物に有毒だ。しかし、種類やグループによっては、耐性を持つものがある。ホンモンジゴケは銅耐性があるため、各地の神社など、銅葺きの建造物の下で特異的に見つかる。学生たちとゼミ旅行で関西に行った折、大阪城見学に立ち寄ったら、大阪城の石垣にも、このホンモンジゴケが生えていた。

ナカジマさんが社殿の下を細かくチェック。そして軒下の灯籠の上に生えている樹枝状の地衣類を見つけていた。ヤマトキゴケであるが、この地衣も、ホンモンジゴケ同様、銅耐性があるのだという。

ナカジマさんは、もと工学を専門としている。それがコケの本を読んだことからコケの研究を手掛けるようになり、ホンモンジゴケをきっかけに、同じように銅耐性を持つ地衣類へと研究テーマが広がったのだという。

この日の観察会も、こうしてあれこれの出会いがあり、無事、終了した。

●観光スポットで地衣散歩

さらに二か月後のゴールデンウィーク。滋賀県の近江八幡で地衣類観察会が開かれるというので沖縄から飛ぶ。関西での観察会なので、キノコ屋のマルヤマさんや、カワイ夫妻も一緒だ。

午後一時。いつものように、駅の改札口で集合。今回のメンバーは全部で十一名。若い中学の先生が一人と、大学生が二人いる。

「今日は、地衣散歩です」

のっけに、ヤマモト先生がそう言う。

このときはわからなかったが、この日のルートには、上りも何もなし。歩くのは街中と観光スポットのみという、まさに散歩コースであったわけ。駅前からみんなでぞろぞろと歩きはじめる。

駅前の風景に、どことなく違和感を覚える。何が変なのかを考えてみたら、建物が一様に新しいのだ。どうも、田んぼか畑だったところを、わーっと開発してできあがったように思える。道路も妙にきれいで、街路樹の下には色とりどりの花が植えられている。個人的には街路樹の下の植枡《うえます》には、雑草が生えていて欲しいのだが。

そんな、自然観察的にはしょうもないところであるはずなのに、一本の街路樹の前で山本先生がぴたりと立ち止まる。

ケヤキの樹皮のところどころに、黄色い「しみ」がついている。全体的にも白っぽい緑色の「しみ」がついてる。もちろん、これらは地衣であるわけだ。黄色いのはロウソクゴケ。この名は、かつてヨーロッパでロウソクを黄色く着色するのに使用されたことに由来する。白っぽい緑色をしているのは、ムカデコゴケだ。両方とも、葉状地衣なのだけれど、小さいので遠目にはべたっとしたしみに見えてしまう。

「この二種類の地衣は、どこにでもあります。幹をよく見ると、コフキヂリナリアもちょっとついていますね。この三種類で、都会の地衣の三羽烏です」とヤマモト先生。

実は、ほんの少し前、同じ街路樹の傍らを、一緒に昼食をとったカワイ夫妻と歩いたばかりなのだが、そのときはちっとも地衣に気づいていなかった。「いつでも地衣・どこでも地衣」であるはずなのに、まだ、ついつい地衣類を視野の外にはずしてしまう。

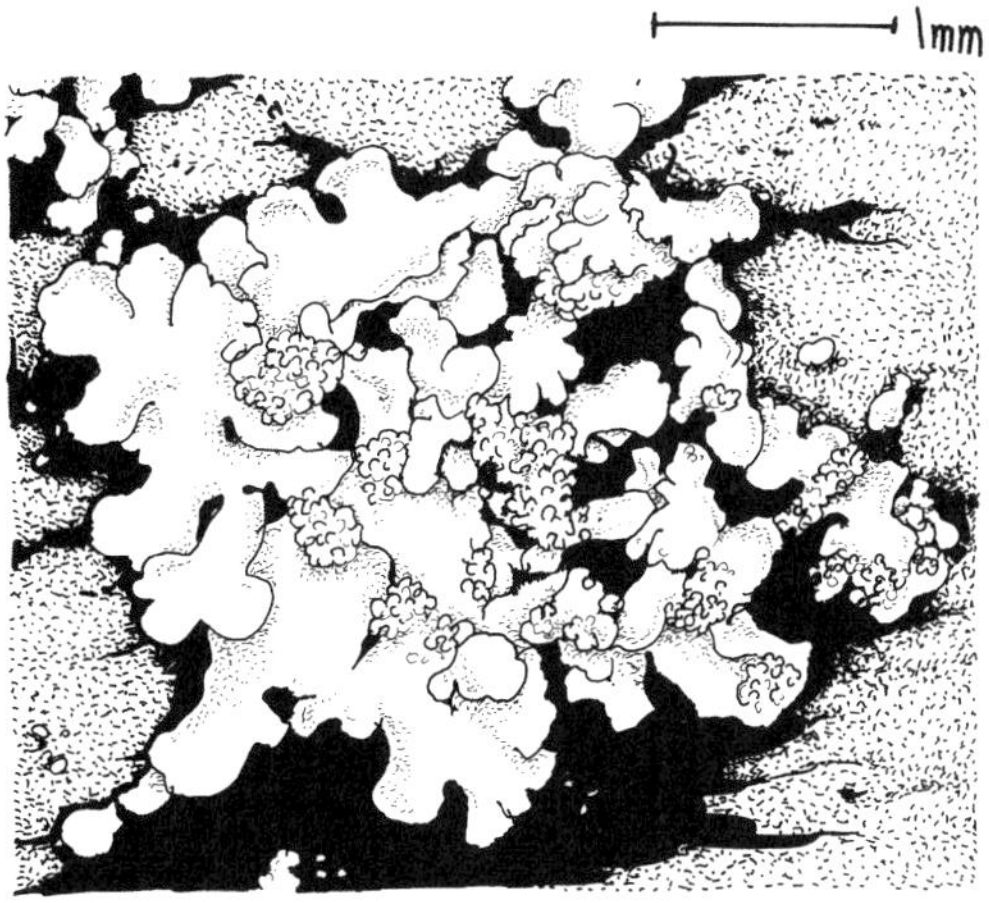

ムカデコゴケ［滋賀］

少し歩いて、再び、街路樹の下で立ち止まる。幹を覆うのはやはりムカデコゴケ。この木についているムカデコゴケは、よく見ると、小さな黒い子器がついていた。ムカデゴケ科の子器は黒っぽいんですと先生が言う。

また歩き出す。

先生が立ち止まって、視線を道の向こうへ。

皆もその視線を追う。

あれ……か？

道の向こうには、広い庭を持つ家があって、その庭先のカイヅカイブキの樹皮が地衣ならではの白っぽい緑色をしているのが目に入る。道を渡って、樹皮に目を向けたヤマモト先生、レプラゴケですと、判定。このあたりから、古い家がぼちぼち出てくる。なかには農家もある。古い家並みになってきたところで、家々の黒っぽい屋根瓦に目を向けて、キクバゴケの仲間がついていますと、先生が言う。キクバゴケは最初に参加した観察会でも屋根瓦についていた地衣だっけ。

農家の庭の片隅に、大正時代に建てられた墓があった。吸い寄せられるようにヤマモト先生が近寄っていく。

「お墓の模様みたいに見えるもの、みんな地衣ですから。何種類ついていると思います？　これとこの黒っぽいのと、茶色の。ざっと見ても三種類がついています。あっ、ここに黒い小さな点々がついているものがありますね。これはほかのとは別でスミイボゴケの仲間です……」

さっそく先生の解説が始まる。

その家の瓦屋根は、一部、目の届く高さにあった。そこにキクバゴケがついている。爪や手持ちのボールペンで剥がそうとしてもダメ。ぼろぼろにくだけてしまう。先生が見かねて、鞄の中のヘラを取り出し、ひとかけら剥がしてくれた。

「キクバゴケは日本に主に四種類あります。どの種かは、見た目だけではわかりません」

キクバゴケを手渡しながら、そんなコメント。

植え込みの下にはヒメジョウゴゴケの姿もある。さすがにこの種類はお馴染みになってきた。

気がつくと、なんだか人がたくさん歩いている。どうやら僕たちの向っている先は、観光スポットであるらしい。普段、休日になると人のいない森の中に入り込んで生き物を見ているので、観光スポットなんかを歩いていると、どうも落ち着かない。行き着いた場所は、石垣で囲まれた古い堀。堀の中を、観光客を乗せ

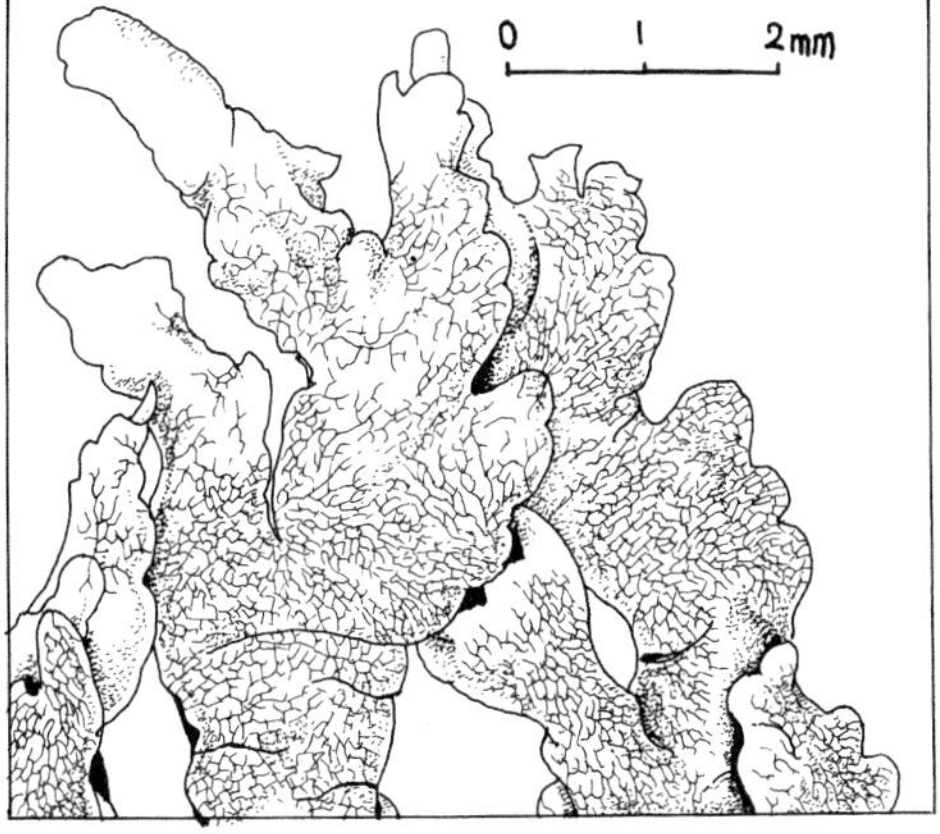

キクバゴケの一種［滋賀］

た小舟がゆく。掘の周囲には古い家並みと、近江牛などの名産品を扱う店が。

「今回、観察会をこの場所にしたのは、実は僕が鬼平犯科帳のファンだからです。一度、この八幡堀を見てみたかったんです。鬼平犯科帳には、このお堀がよく出てくるんですよ。この石段のところでチャンバラしたり」

そう、先生。

そういうわけだったのですか。脱力。ちょっと笑ってしまった。

でも、たとえテレビドラマの撮影舞台だろうが、いつでも地衣・どこでも地衣であるわけだ。

さっそくそれぞれが、堀脇の石垣とにらめっこ。レプラゴケ、ヒメジョウゴゴケといった普通種がまず目に入る。

と、虫屋のマサトさんの「石垣の地衣をチビミノガが食べてます」という声。見ると、石垣の地衣に、五ミリほどの小さなミノがついている。気づくと、あちこちにある。

「うーん、このヒメミドリゴケを食べているのかな」とヤマモト先生。

異業種混交チームならではの発見といえるか。

堀沿いの道をゆく。

「キノコ?」

参加した大学生の一人が地面を指して、そう声を上げる。堀脇の地面から、にょっきり、キノコが突き出ている。棒状の柄の上に、丸い頭部がついているという、特徴的な姿。丸い頭部をよく見ると、小さなつぶつぶがある。

ありゃ。

なんと、冬虫夏草ではないか。

「いつでもある・どこでもある」地衣に比べて、「いつでもない・どこでもない」が冬虫夏草の特徴だ。しかし、なぜか京都は身近な場所から冬虫夏草がよく見つかる地域だ。今回訪れたのは滋賀だけれど、京都同様に、冬虫夏草の身近な場所での発生が見られるようだ。季節や形から、見つかったのは、セミの幼虫から発生するオオセミタケだろう。

「冬虫夏草が生えているのを初めて見ました。絶対、冬虫夏草だなんて気づかないですね。セミがついている状態のが見たいなぁ」

ヤマモト先生が、そう煽る。

ここで、キノコ屋のマユミさんの出番。観光客が闊歩する堀端に倒れ込むようにして、慎重にオオセミタケを掘っていく。当然、道行く人達も足を止めざるを得ない。冬虫夏草を掘っていますと説明をすると、「えーっ、見たことがない。初めて見ました」「漢方薬ですか？」といった反応が返ってきた（冬虫夏草のすべての種類が薬に利用されるわけではないのだけど）。やはり、地衣類より冬虫夏草の方が、知名度はあるようだ。ややあって、マユミさんは、きれいに冬虫夏草を掘りあげた。一本だけしか生えていないってことはないよなと、周囲を見渡すと、道脇の塀囲いの中にも二本生えているのを見つけた。

堀脇につけられた道を進み、段をあがって、橋上へ。橋からの眺めは、川の両脇に蔵が並んでいるという、江戸時代チックなもの。先生によると、テレビによく出てくる風景なのだとか。

近江八幡の境内へ。先ほどのことがあったので、つい、冬虫夏草を探してしまい、いかん、いかんと自分を戒める。地衣類を探さなければ。

境内のスギの樹皮にくっついているのはヒメスミイボゴケ。先生によれば、スギの木によくつく地衣だとのこと。石灯籠もチェック。しかし、地衣があんまり多くない。

「たいして面白いものがありませんねぇ」と先生も言う。今日の一番は、冬虫夏草か……と苦笑い。

時計を見ると三時。観察会が始まってから、まだ二時間しか経っていない。が、先生、「寒くなってきたし、もう帰ろうかなぁ」と一言。ゆるい。実にゆるい観察会だ。

帰り道もゆるゆると散歩モード。

行きとは違う道をたどると、お寺があった。由緒はそれなりにあるらしいが、門も庭木もそう古くなくて、地衣屋的には面白くない。墓地もあるが、これまたわりと最近に整備されたような感じだ。

それでも、一つの墓石を前にして、先生は「モエギトリハダゴケがたくさんついていますねぇ」と言う。

「墓地はなかなかいい観察ポイントなんです。前に徳川光圀のお墓に抱きついたことがありますよ。徳川家の墓所の地衣を調べるということがあって。大きなお墓なので抱きつくようにしないと、何がついているか見えないんです。墓石の種類によってもついている地衣の種類が違いますね。流紋岩《りゅうもんがん》の墓石には地衣があまりつかないとか」

寺を後にし、メインストリート沿いを歩く。街路樹にロウソクゴケがびっしりついていた。

「京都にロウソクゴケ通りありますよ。僕が名付けたんですが。道の両側のケヤキの幹がまっ黄色になっていて」

先生が言うように、ロウソクゴケは都市部で目立つ地衣のように思う。

午後四時。駅について、解散となった。

◉師走の京都にて

こんなふうに、機会があるごとに、ヤマモト先生の地衣類観察会に参加する。といっても、普段は沖縄だから、そう気軽に出かけて行くことができない。それでも、年末の観察会には、帰省もかねて参加するのが恒例になった。地衣類観察会に参加しはじめて二年目の年末は、和歌山の田辺へ。三年目の年末は京都の石清水八幡宮へという具合に。

その石清水八幡宮での観察会。開始時間が午後一時半からというお気楽さだ。

いつものように、カワイ夫妻の家に前泊させてもらい、一緒に観察会に出かける。これまた、いつものように集合場所は駅前だ。

あらら。

この日の参加者は、カワイ夫妻、僕、それにもう一人、ここ一年ほど地衣類にはまっているという中学生のコバヤシ君。これがメンバーのすべてだった。

駅前のウインドウを見ていたら、名物や史跡について紹介するコーナーがある。エジソンの電球のフィラメントになった竹はこの石清水八幡産なのだとか。駅前の通りもエジソン通りと名付けられている。そこを通って参道へ。石清水八幡宮へは、岩山を登る階段混じりの登り道を行くことになる。

参道の脇は、アラカシやシイなど、常緑樹が多い。すなわち、参道は結構暗めだ。ヤマモト先生も、さっさか歩くほど。

「この前、潮岬《しおのみさき》で本州最南端の地衣を採って気持ちよかったですよ。そのうち、与那国島《よなぐにじま》で日本最西端の地衣を採りたいですね」

参道を歩きながら、ヤマモト先生がそんなことを言う。

やっぱり、ヤマモト先生、地衣を愛している。

そういえば、また、僕のコケ師匠の話を思い出した。コケ師匠がアジア最高峰のボルネオ・キナバル山に登ったとき、頂上に建てられた石碑にコケが生えていて、「アジア最高峰のコケ！」と思ったら、その上に地衣が生えていて、「残念！って思った」という話だ。僕のコケ師匠は師匠で、コケ愛にあふれている。

僕はまだ、地衣愛が足りないか……。

ヤマモト先生を見ると、そんなことを思ってしまう。

参道脇の金属の手すりに地衣が生えている。珍しい地衣？　と思いきや、コフキヂリナリアだった。まだ、普通種の地衣の名前の同定もときどきあやしくなる。石の手すりの上にも痂状地衣が生えている。先生によると、ホシスミイボゴケだそう。その名のとおり、子器は炭のように黒い。

モエギトリハダゴケ、ヘリトリゴケ、クロウラムカデゴケ、キウラゲジゲジゴケ……いつものように、参道を歩きながら出現する地衣の名前をヤマモト先生に教わっていくのだが、いつのまにか聞き覚えがある名前が増えていることに気づく。

境内に足を踏み入れると、「お札を結ばないでください」と書かれた札の下がったウメの木がある。いや、僕はまだまだ、そうしたお札に目がいってしまう。ところが先生は、お札の存在を目にしたかどうか、ともかく、すっと、木に寄っていく。地衣が生えているからだ。マツゲゴケ、シラチャウメノキゴケ、ウメノキゴケがあると先生。このうち、マツゲゴケとウメノキゴケは定番の地衣だが、シラチャウメノキゴケはレア度が高いもののようだ（先生によると、京都・南禅寺の哲学の道はシラチャウメノキゴケだらけで、関西の中でも極上の地衣スポットということだ）。葉状体の縁がめくれているのがウメノキゴケで、ぴったりと樹幹にくっついているのがシラチャウメノキゴケと先生は言うけれど、次に見たときはもうわからないだろうなあ。

境内にはツバキの木もある。ツバキはかつて関東以西に広く広がっていた照葉樹林と呼ばれる常緑樹林の構成木の一つだ。ツバキの葉は分厚く、てかてかと光沢があり、まさに照葉樹林の構成種にふさわしい。そのツバキの葉の上に、「しみ」のようなものがついている。それを指して、先生は、「これはアオバゴケという着生地衣です」と言う。

これが？

植物の葉というのは、光合成をする器官なわけだから、その上に乗っかっていれば、確かに光合成のための日光は十分に浴びることができるかもしれない。一方、葉の上というのは不安定な場所だ。虫に食べられるかもしれないし、そもそもある一定期間がすぎれば、切り離されて落ち葉になる。そんな不安定な立地を選んで生える地衣もあるわけ。

「ツバキの葉っぱを見ると、たいていついていますよ」と先生は言うが、これまで気づいたことがなかった。

やがて、境内へ。その境内から一段下がった駐車場の脇には、かのエジソンの碑が建てられている。神社とエジソンという組み合わせがなかなか思いつかないのだけれど、結構、碑は大きい。この碑で折り返しとなる。境内に戻ったところで、灯籠にたくさん地衣がつ

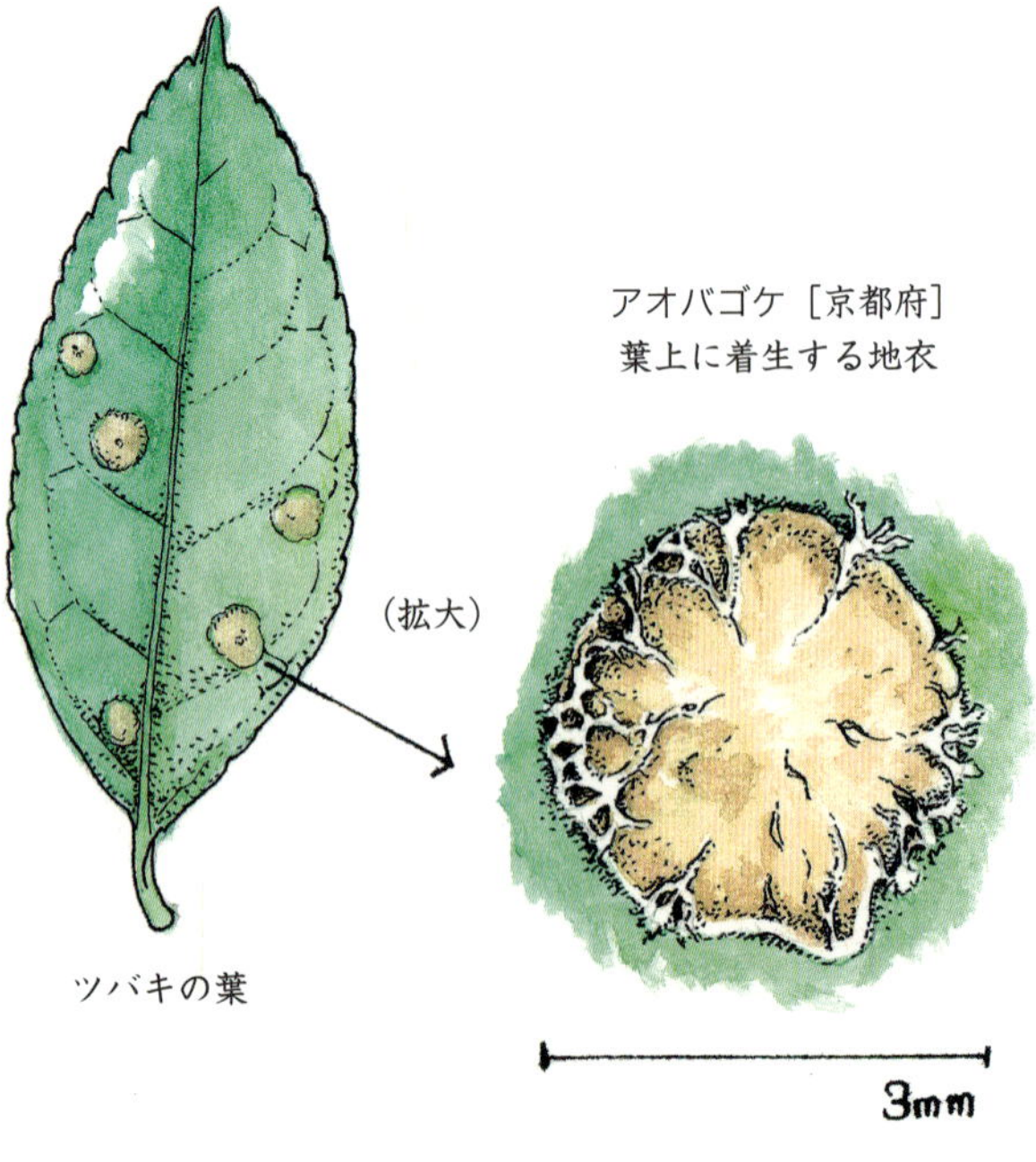

アオバゴケ［京都府］
葉上に着生する地衣

ツバキの葉

いているのに気づく。その場所が、湿気だまりなのだ。一つの灯籠の表面だけで、モエギトリハダゴケ、ウメノキゴケ、キウラゲジゲジゴケ、ハクテンゴケ、コフキヂリナリア、ムカデコゴケが生えている。

灯籠の列の途切れたところに、角柱に切り出した石材を並べた石庭があった。つと、その一角に先生が吸い寄せられていく。その先の石の表面に橙色の「しみ」がある。地衣だ。

「アツミダイダイゴケです」とのこと。これは「れっきとした石」につくものです、と先生が力説するのが、おかしい。つまり、節操もなく、人工のコンクリートの表面につくツブダイダイゴケとは違いますよ、ということなのだ。基質の違いだけでなく、ツブダイダイゴケはコンクリートの表面などに、うっすらと地衣体が貼りつき、そこに点々と子器がつくだけなのに、アツミダイダイゴケはその名のとおり、厚みのあるシート状のしっかりとした地衣体を作る。

下り道をゆるゆると、地衣ウォッチしながら戻る。

「何かいるん？」

途中、石垣とにらめっこをしている一団に、好奇心を抑えきれなくなった家族連れの少年が声をかけてきた。ここは、マサトさんが少年の声をひきとって、地衣類の説明を丁寧にする。

「えーっ、これって、生き物なんだ」

少年とその家族は、足元のコンクリート上のツブダイダイゴケも地衣だよと言われて、驚いている。

そんなこんなで、一時半にスタートした観察会は午後四時に終了した。

◉いつでも地衣・どこでも地衣

ヤマモト先生の地衣類観察会にこうして通っているうち、シェアリングアース協会・関西の招きで、明石へ行くことになる。

自然に親しむための講演とフィールドワークの講師を頼まれた。が、話をもらったときに、お題が難しいなあと正直思う。講演の方はいい。問題はフィールドワークだ。季節は冬。初めてのフィールドで、さらにそこは駅前の公園なのだという。「拾えるのも松ぼっくりくらいかも」と言われ、どうしたらいいんだろうと頭をかかえてしまう。

いつでも地衣・どこでも地衣。

ここで、このフレーズが頭をよぎる。

おっかなびっくりだけれど、地衣の観察会をしてみようか。そんなことを思う。

当日。ホテルで早めの朝食を食べた後、下見をすることに。

観察会のフィールドとなる公園は、かつての城跡だ。天守閣はないが、堀や石垣は残されている。明石駅を出て横断歩道を渡り、堀の橋を越えると、高さ三メートルの石垣のたもとに着く。その石垣の表面が橙色に染まっている。

わーっ、生えている。

ダイダイゴケの仲間だ。それも、つい先日、年末の石清水八幡宮で見たばかりのアツミダイダイゴケだ。コンクリートではなく、自然石に生えるダイダイゴケである。

街路樹の
ロウソクゴケ
[京都]

石垣の
アツミダイダイゴケ
[明石]

そのアツミダイダイゴケに混じって、白っぽい地衣体に黒い点々の子器のついている地衣がある。なんだろう。ここでヤマモト先生の図鑑を取り出してみる。ホシスミイボゴケが似ている。そういえばホシスミイボゴケも石清水八幡宮の観察会で見たはずだ。フィールドノートを見返してみると、石清水八幡宮では「石の手すりに生えていた」と記録されている。どうやら普通種のようだし、生育環境も似ている。ホシスミイボゴケでよさそうだ。石垣には、もう一種、痂状地衣が生えている。これはモエギトリハダゴケだろう。

あら。

これまで何回か、観察会のたび、ヤマモト先生に腰ぎんちゃくのように張りついていたのは無駄ではなかったらしい。門前の小僧よろしく、多少、地衣の名前がわかるようになっている。

公園に入ってみると、いくつものテントが張られている。どうやらお祭りがあるようだ。こんなところで観察会かぁ。それでも気を取り直して地衣類を探す。マツの木を見ると、ウメノキゴケが生えている。ウメの木の幹には、コフキヂリナリアも生えている。点在する、わりと大きなウバメガシの木々。その樹幹が黄色い。ロウソクゴケと同じような色だけれど、ロウソクゴケのように葉状ではなく、形のはっきりしない粉状の地衣類のコガネゴケだ。池の周りの石を見ると、痂状地衣で、円盤型の子器の中心部が小豆クリーム色のものがある。ヘリトリゴケだ。池畔のイボタの幹には、モジゴケの仲間もついていた。どうやら、思っていた以上に地衣がある。それに、代表的ないくつかの地衣についてては、名前もある程度わかった。どうやら観察会ができそうだ。

本番。午前中はパワーポイントを使った講演。昼食後、いよいよ、参加者五十人とともに公園へ。まずは石垣のところで、アツミダイダイゴケ、ホシスミイボゴケ、モエギトリハダゴケを見てもらいながら、地衣類とは何かという説明をする。

「白いのに、光合成ができるんですか？」

参加者からは、ホシスミイボゴケを指さして、そんな質問が。なるほど。

かつて同じ質問をヤマモト先生にしたことがある。

「菌は地衣化すると、共生している藻類に有害な紫外線をカットしたりします。同じ種類の地衣でも日向と日陰では地衣体の色が違ったりします。日陰のは緑っぽくて日向のは黒っぽく日焼けをしています。人間のものとは違いますが、メラニンがあるんです。白っぽい地衣の場合は、化学物質を使って有害な紫外線をカットしています。化粧品でいうと、UV吸収物質を塗りたくっているかんじでしょうか」

ヤマモト先生はそんなふうに答えてくれた。その話をかいつまんで紹介する。

「こっち側には、アツミダイダイゴケがないですね」

石垣の裏手に回った参加者の一人が言う。半日陰になっている裏側には、モエギトリハダゴケとホシスミイボゴケばかりだ。耐陰性に違いがあるのだろう。そもそもアツミダイダイゴケは石垣の中でも堀に近い入口付近の石垣にしか見られない。すると、湿度の問題も関係しているのかもしれない。

「なんで石の上に生えることができるんですか？」

地衣類は根がない。その代わりに、雨水や露・霧から水分を得て、その水分と一緒に栄養分も得ているという話をする。地衣類が観察対象でも、結構、やり取りになるものだと思う。

朝と違って、公園には人影が多い。タコ焼き屋や焼きそば屋。テントも軒並み開店している。すごい行列ができていると思ったら、そこはフグ汁の売店に並んだ行列だった。ステージでは地元アイドルがギターを片手に歌い、その前ではハンカチを手にかかげた男子の群れが曲にあわせて跳ねている。

そんななか、地衣ウォッチングの一団が進む。

広場のウメの木の前での、コフキヂリナリアの説明では、案の定、「コフキ？　ヂリナリア？　何語？」なんて聞かれてしまう。「コフキというのは、粉芽といって、菌と藻がセットになったクローン繁殖手段をとるということで……」と説明。クスノキについているウメノキゴケを前にしては、「地衣には痂状、葉状、樹枝状という生活型があって……」と説明する。広場から池の方へ進む道脇の石の表面にはツブダイダイゴケが生えていた。アツミダイダイゴケと比べると、やはり色も質感も薄い。

「なるほど、違いますね。これは見分けられる気がします」

参加者もうなずいてくれた。

下見をしたときには気づかなかったが、ツバキの密生した一角がある。樹皮を見たが、痂状地衣は何もない。が、よくよく探すと、あった。葉の上に、アオバゴケがついている。

「これも地衣？　見たことがあったけど、病気だと思っていました」

「こうして、葉の上に生える地衣は、葉上地衣というんです」

「これって、そのうち、葉に穴が空いてしまわないんですか？」

「うーん、たぶん、その前に葉っぱの寿命が終わって、一緒に落ちてしまうと思います」

「葉の表にしかつかないんですか？」

「地衣は光合成をするので、明るいところじゃないとだめなんです」

こんなやり取りが続いた。結構、興味を持ってもらえている？

池畔のイボタでは、モジゴケを紹介。代わりばんこに、ルーペで拡大して観察をする。

「ほんと、文字みたい」

モジゴケ、人気だった。

「種類は別として、何が地衣かっていうのは、わかったような気がしますが、地衣って、何か意味があるんですか？」

最後に、参加者の一人に、そんなことを聞かれた。

うーん。

地衣類の「意味」か。

生命の始まりは海だった。藻類が水中から上陸するとき、大きく二つの方法があったのだろうと思う。一つは体制を変化させ、コケやシダ、やがては花をつける植物へと進む方向。もう一つが、その体制のまま、菌類と共生関係を結ぶという方向。実際、上陸が行われると、前者の方が優勢になったわけだけれど、石垣とか樹幹とか極地みたいなところでは地衣が頑張っている……そんなふうに答えてみた。

「劣勢でも生き残れるというのは、すばらしいね」

考え、考え僕が答えるのを聞いていた別の参加者が、そんなふうに言ってくれる。

それを聞いて、なるほど。それって、多様性ということじゃないだろうか。多様性はいのちの本質。

地衣類を見ていて気づくことは、いろいろある。

そして、どうにかこうにか、地衣類の観察会ができるようになっている僕がいた。

第三章　南の地衣探検

◉都心の地衣類

沖縄で、スギモト君にヤマモト先生の地衣類観察会に参加した話をする。スギモト君は、「鬼平」くんだりのところで、「すごいゆるい観察会ですね」と大笑いしていた。それでも観察会に参加する以前と以後では、僕に変化があった。何より地衣の名前に聞き覚えのあるものが増えている。

いつでも地衣・どこでも地衣。

それが地衣類のキャッチフレーズだ。

しかし、地衣類にもいろいろある。

観察会のあと、ヤマモト先生を囲んで飲み屋で忘年会をしたことがある。そのとき、地衣屋ではない一般の参加者の一人が、「地衣も地域によって見られるものが違うんですか?」と先生に尋ねた。

「そうです。山の上に生えている地衣は山の上だけで見られるとか。亜熱帯の地衣は亜熱帯だけとか。だからあちこちに出かけて行くたびに、違うものが見られます。たとえばウメノキゴケは沖縄では珍しいし、北へ行っても、秋田では貴重品です。アゲハも大阪だったら普通でしょう。でも山へ行ったらキアゲハの方を見ます。秋田だったらアゲハはいなくて、見かけるのはキアゲハです。同じように秋田ではウメノキゴケは珍しくて、普通に見るのはキウメノキゴケなんですよ」

これが先生の答えだった。

だから、すぐそばで見られる地衣が、どこでも普通とは限らないわけ。

少しだけ、自分でも地衣類が見分けられるようになってきた。それなら、まず、足元にどんな地衣があるのかを自分で見てみよう。そう思う。

たとえば、東京の真ん中には、どんな地衣類が生えているのだろう。

幸い、かみさんの実家は、池袋駅西口から歩いて十分ほどにある豆腐屋だ。なにせ便がいいので、東京に用事があるときは、宿として使わせてもらっている。上京した折、かみさんの実家で一泊。ちょっと自由な時間がとれたので、池袋周辺で、都会の地衣探検に出かけてみることにした。

池袋駅の地下道を通り抜けて東口へ。ジュンク堂書店の裏手から、鬼子母神へと向かう。途中の墓地の側の路地脇のブロック塀をじろじろ。塀の地面ぎわにツブダイダイゴケがついている。塀の上面部にも、地衣体らしきものがある。さらに目をこらすと、杯状の構造が目に入る。ヒメジョウゴゴケだ。この地衣も、大都会で生き抜ける地衣なわけだ。路地の反対側にある石垣には、小さなロウソクゴケもついていた。

路地を抜けると、境内がいい具合に「コケ」むした、法明寺という寺がある。しかし、あまり地衣はない。境内の大きなエノキの樹幹を見ると、ロウソクゴケはついていたが、どちらかといえばヒナノハイゴケなどの蘚苔類の方がたくさん着生している。ただ、タイサンボクがあったので、注意して見たら、アオバゴケがついていた。

法明寺から鬼子母神までの参道脇のサクラの樹幹には、形のはっきりしないレプラゴケの仲間がついているぐらい。鬼子母神の境内には、直径一メートル以上もありそうな大きなケヤキがあって、樹幹にはロウソクゴケとコフキギリナリアがついていた。

都電荒川線をまたいで、雑司ケ谷霊園方面へ。途中、大鳥神社という小さな社があったので、念のため覗いてみる。ところがケヤキを見てびっくり。六本ほどあるケヤキのうちの一本の樹幹に、ウメノキゴケがついているではないか。ただし、大きさはわずかに一センチ×三センチほど。ケヤキには、ほかにロウソクゴケ、コフキヂリナリア、ムカデコゴケもついていた。

大鳥神社でウメノキゴケを見て驚いたのは、ウメノキゴケは大気汚染に弱いため、都心部を中心に見られない空白地帯があると、本で読んだことがあるからだ。

さらに歩いた先にあった護国神社の境内でも、いずれも小さなサイズではあるけれど、ウメノキゴケやハクテンゴケを確認できた。

これって、どういうことなのだろう？

小型種の拡大

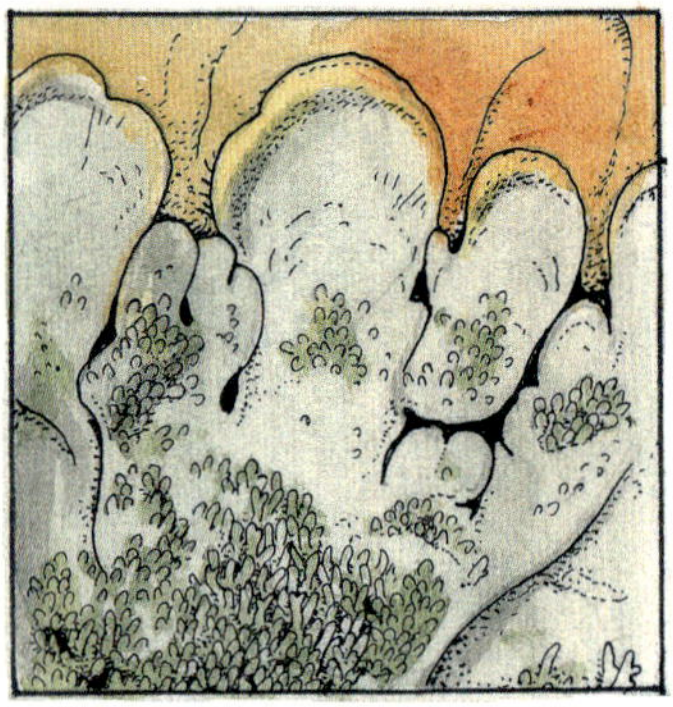

コナカワラゴケ（裂芽をつける）

クロボシゴケ（断面は黄）

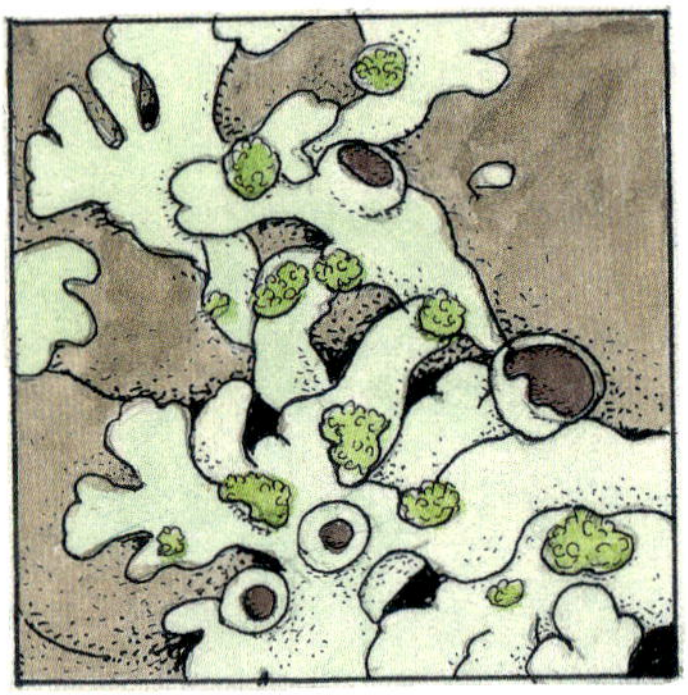

ムカデコゴケ（子器はこげ茶）

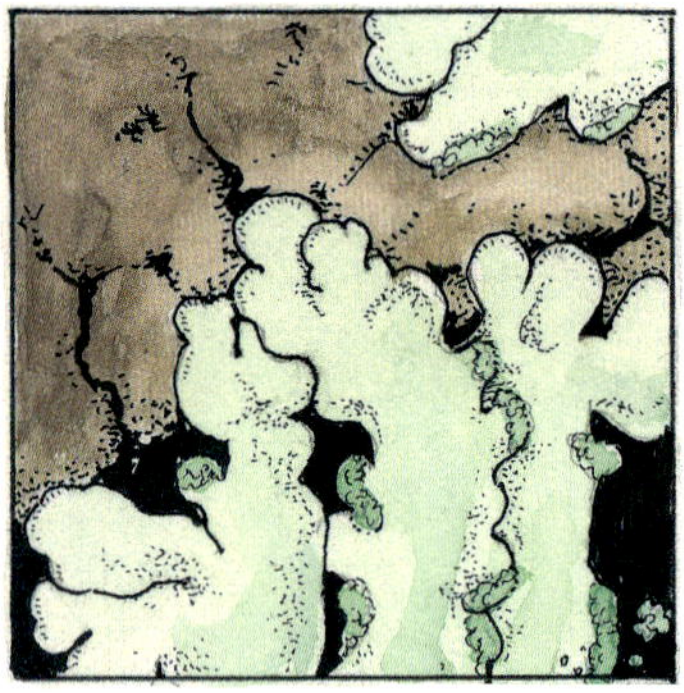

コナヘリムカデゴケ（へりに粉芽）

1 mm

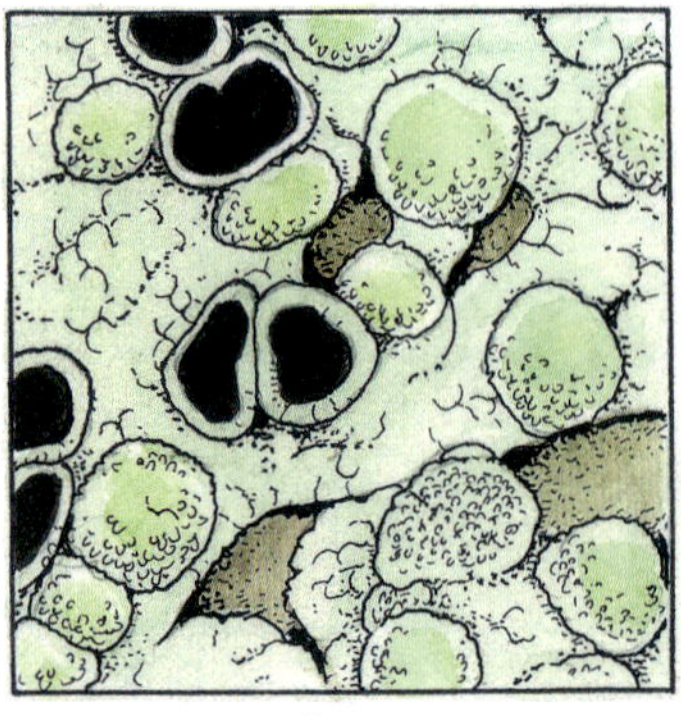

コフキヂリナリア（子器は黒。子器はまれ）

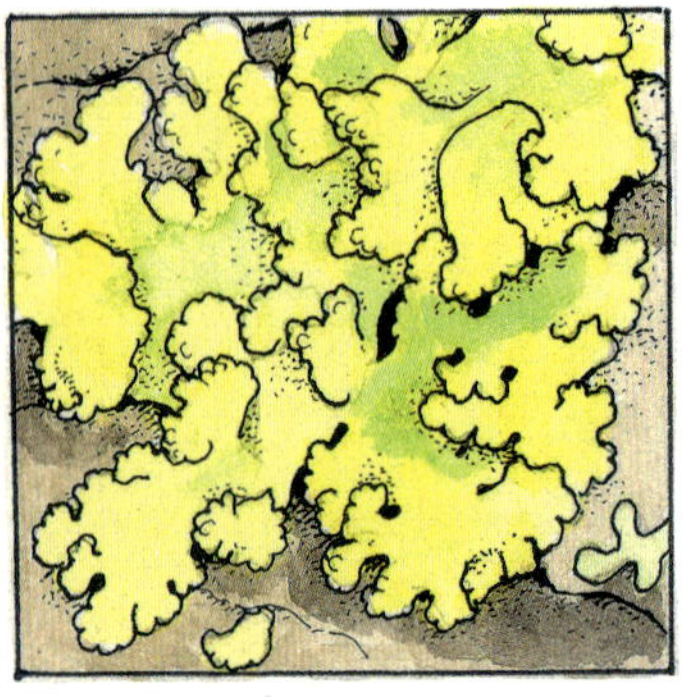

ロウソクゴケ（鮮やかな黄）

沖縄に戻って調べてみた。『街なかの地衣類ハンドブック』に、都市部における地衣類の消滅は、大気中の二酸化硫黄が原因となっていると書かれている。しかし、日本の大気汚染は一九七〇年代までは工場から排出される二酸化硫黄が主な原因だったけれど、その後自動車からの排気ガスへと主な汚染源が変化したとある。それに伴って、ウメノキゴケの場合、一度分布の空白地域となったところへの再侵入も見られるというのだ。

そういうことであったか。

地衣類は、大気汚染を測る指標ともなる。汚染のあまりにひどい地域にはウメノキゴケなどの葉状地衣は見られないし、今回観察した池袋周辺のように、小さな葉状体だけが見つかる地域は、それよりもややましな汚染地域だということがわかる。そして地衣類から見ると、東京の大気汚染は、一時期よりも回復傾向にあるといえるだろう。

では、放射性物質の汚染の場合はどうだろう。

放射性物質による汚染の場合、たとえ汚染があったとしても、汚染地から地衣類がなくなるわけではない。だいたい、地衣類の放射性物質による汚染について書かれた論文を読むと、「地衣類はもっとも放射性抵抗性のある植物である」とさえ書かれている。一見、普通に生育しているように見える地衣類の体内に、大量の放射性物質が貯め込まれている可能性があるわけだ。目には見えない。これが放射性物質のやっかいなところだ。

◉実家の地衣探検

那覇空港を朝八時の飛行機に乗る。

東京・羽田に着くのは十時過ぎだ。モノレールに乗り換え、浜松町でＪＲへ。十一時過ぎ、東京駅に着いたら、八重洲口のバスターミナルで千葉県・館山行の高速バスのチケットを買う。うまく乗り継げれば午後二時過ぎには館山駅に到着である。

そこから歩いて三十分ほど。海からもさほど離れていない、畑に囲まれた一角に、僕の実家はある。月に一度、八十を超えた母の様子を見に里帰りをしている。駅から実家に向かう途中で、足の悪い母親のために、数日分の食料の買い出しをする。両親が実家を建てたときは、将来、これほどの車社会になると予想はできていなかった。だから実家はいまだに車の入らない路地の奥にある。また、気がつくと、実家周辺にあった個人商店は軒並み店じまいをしてしまい、まともに買い物をしようとすれば、新しく作られたバイパス沿いの大型スーパーまで足を伸ばさなくてはならなくなった。車社会と大型店舗の進出が進む中、母は買い物難民化しつつある。

実家の途中に唯一残された小ぶりなスーパーに立ち寄り、品物を見定める。生鮮食品コーナーには、手書きのポップに「この棚の商品の最大値は○○ベクレル」と表示されている。初めてこのポップを見たときは衝撃を受けた。もちろん、基準値以下であることを明示するためのものだが、見方によれば、目の前の野菜や果物に、ある値を持つ放射性物質が確実に含まれていることを示しているともとれるからだ。そんな表示も、毎月帰省するたび見ているうちに、いつしか、目を向けることがないものへと変質してゆく。

見慣れることで、かえって見えなくなるものがある。

最初から、目に入っていないものもある。

買い込んだ商品を下げて実家へ。

それこそ、実家の門をくぐった回数など、生まれたときからするならば、数え切れないほどになるだろう。

そんな自宅という場所で、見えていなかったものはないか……。

自宅で地衣探検を試みることにした。

家の前の道路はせいぜい原付バイクが通れるぐらいの幅しかない。その狭い道の対面にはブロック塀があり、塀の向こうには空き地がある。実家周辺は、少年時代に見慣れた風景とさほど変わった様子は見受けられない。が、細かく見ると、時代による影響は否めない。東京近郊ではあるけれど、過疎化の波が静かに、この街にも及んでいるのをところどころに感じる。

僕は小さなころから生き物が好きで、しょっちゅう海辺に貝殻を拾いに出かけた。少年時代、拾った貝殻は座右の書となっていた貝類図鑑で名前を調べた。「いつか、拾ってみたい」そんなふうに思わせる美しい貝は、たいていは深い海か、南の島のものだった。図鑑の中にはよく、「奄美大島以南に分布する」といった解説の一文が書かれていて、その文章が僕を南にいざなった。また、図鑑では僕の住んでいる房総半島よりもはるか南の海に棲んでいるはずの貝が、ときに館山の渚に打ち上がることもあった。貝の幼生は一時、プランクトン生活を送る。そして房総半島の沖合には、はるか南から黒潮が流れよせる。黒潮に乗った、本来は南の貝の幼生が一時的に棲みつく。そんなことがあるわけだ。こうしたこともまた、僕の南へのあこがれを強めていった。僕が今、沖縄に住んでいるのは、こんな原体験が基になっている。

そのころ拾い集めたものの、ガラクタ同様とみなされた貝殻は、今、庭の一角に打ち捨てられている。木造建ての実家には、常緑のマテバシイの生垣がある。そのマテバシイの木は、手ごろな木登り対象となったし、一番身近な虫の観察場所でもあった。背が高い生け垣のおかげで、庭はいつも半日陰だ。その半日陰の庭に花をつけるエビネは、小学生時代、父と歩いた里山で見つけて移植をしたものだ。

ゴキブリに興味を持って調べはじめたとき、実家でゴキブリ探しをしてみた。もちろん、家の中にクロゴキブリが出没するのは先刻ご承知済みだ。しかし庭で探してみたら、ツチゴキブリとウスヒラタゴキブリが見つかった。そんなゴキブリが棲んでいたなんて、調べるまで気づいていないことだった。

庭にどんなカタツムリがいるのかを調べたのも、そう昔のことではない。大型のミスジマイマイがいることだけは、これまた小さなころから気づいていた。移入種のコハクオナジマイマイが目に入るようになっていたことにも、帰省するうちに気づいていた。しかし、ナミギセルやヒカリギセルといった、細長い殻を持つキセルガイ類が庭に棲みついていることまでは気づいていなかった。

僕らはそれと気づかず、多くの生き物たちとともに暮らしている。

実家で地衣類に気づいたことはない。しかし、確実にあるはずだ。

庭の地衣類（千葉県・館山市 僕の実家）

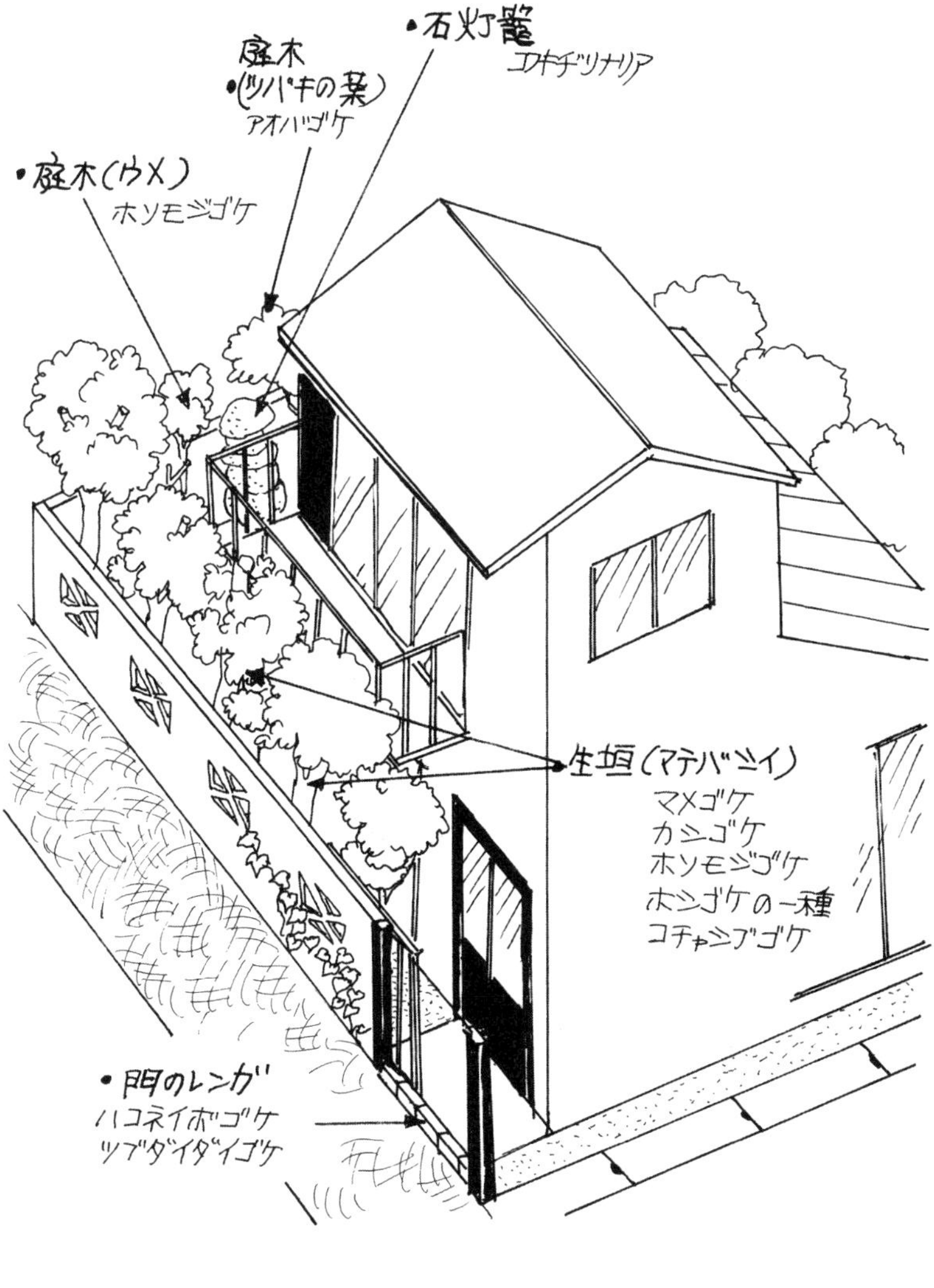

庭の地衣
［千葉］

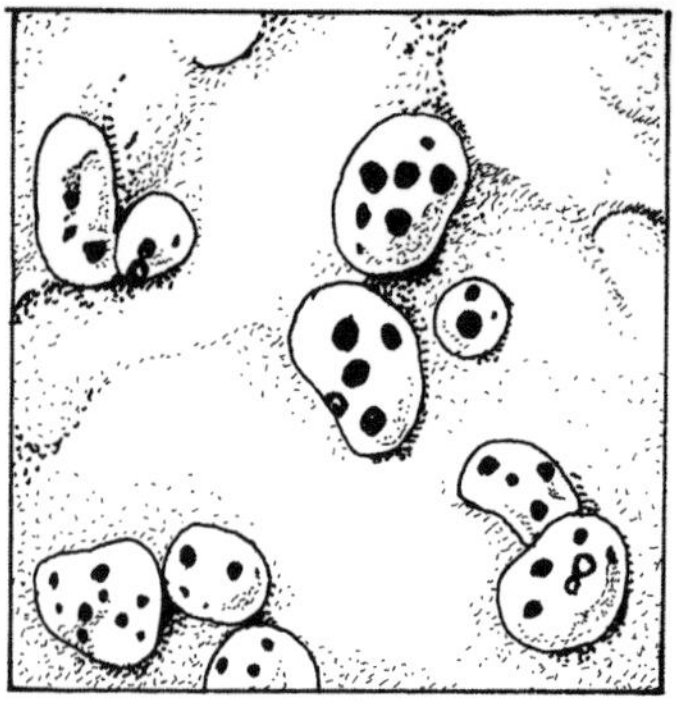
マメゴケ

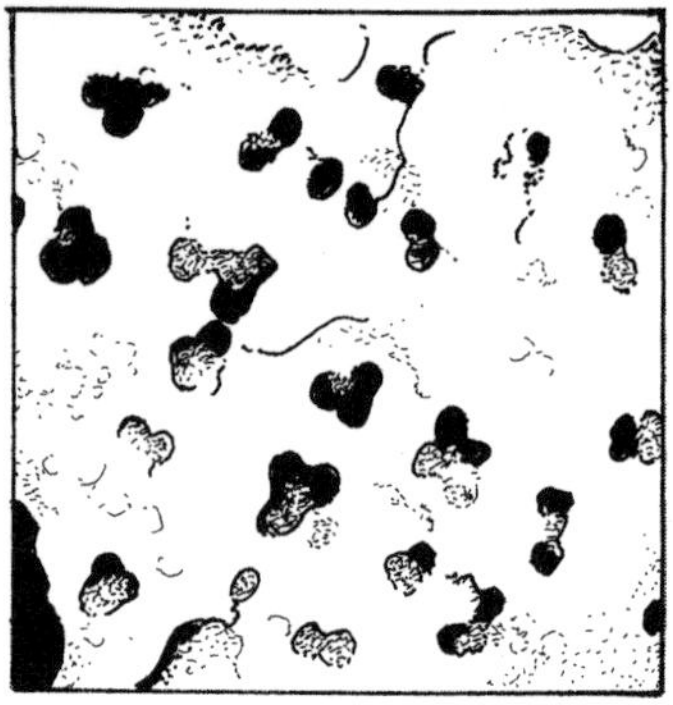
ホシゴケの一種

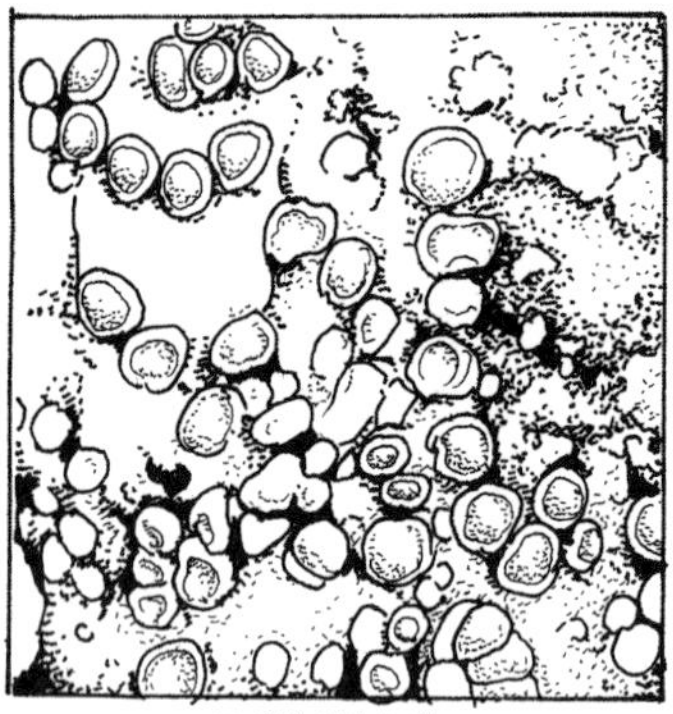
ツブダイダイゴケ

ホソモジゴケ

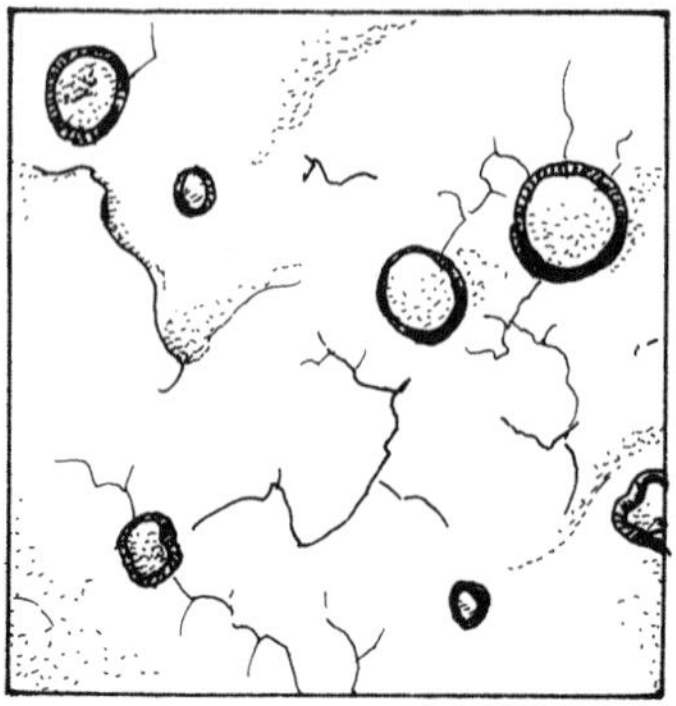
カシゴケ

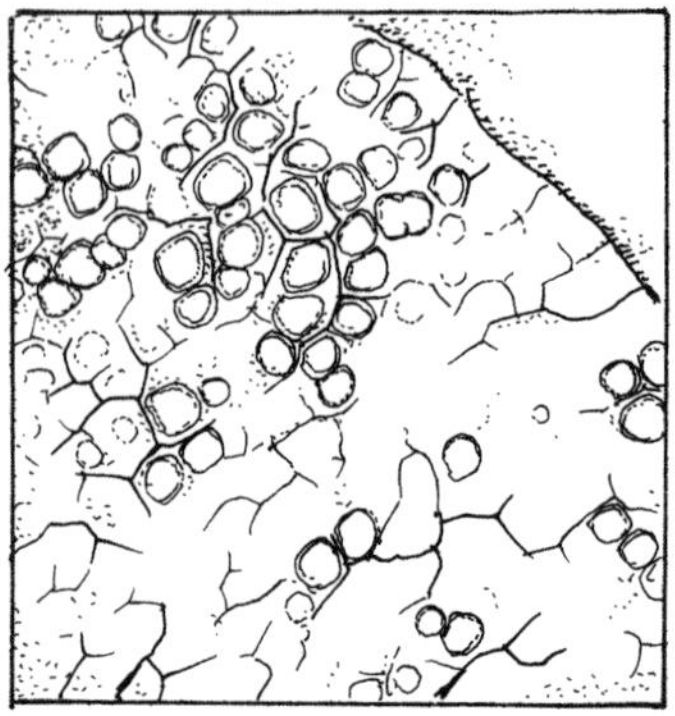
コチャシブゴケ

2mm

玄関を入る前に一呼吸。周囲を見渡す。実家の対面のブロック塀に何か生えている。痂状地衣のハコネイボゴケ。こんなものが、こんなところに生えていたか。

玄関をまたごうとして、また、ちょっと待った。足元、門の根元の煉瓦に生えるのはツブダイダイゴケだ。やっぱり、この地衣はどこにでもある地衣だ。わずかだけど、ハコネイボゴケもある。

見慣れたマテバシイの生垣の樹幹をいつもと違った目で見てみる。

ある、ある。マメゴケ、コチャシブゴケ、カシゴケ、ホシゴケの一種。それに、一番たくさんついているのは、モジゴケの仲間だ。モジゴケは肉眼で見るだけではわからないので、ヤマモト先生に送ってちゃんと同定をしてもらおう（結果はホソモジゴケだった）。ツバキの樹幹にも同じ種類のモジゴケがついている。その葉には、葉上地衣のアオバゴケが（うちにもあったのか！）。夏ミカンの樹幹には、コチャシブゴケがたくさんついている。ウメの木もあるのだけれど、樹幹についているのはウメノキゴケではなくて、モジゴケ類だ。石灯籠にも、ちっこい、葉状地衣がついている。拡大してチェックしたら、どうやらコフキヂリナリアのようだ。

合計九種。

こんなに多くの種類の地衣類と、長年一緒に暮らしていたなんて。

しかも、マメゴケやカシゴケが自宅に生えているとは思ってもいなかった。これらの地衣類は南方系の種類ではなかったか。渚に打ち寄せる貝殻だけでなく、実家の庭木に生える地衣類も、どこか南方系であることに初めて気づく。僕を南にいざなうように育んだのは、渚の貝殻だけでなく、この館山の風土そのものだったのかもしれない。

●新春快晴、地衣日和

恒例となった、年末の関西での地衣類観察会に参加した足で館山の実家に帰った。年越しを一緒にするのが、最低限の親孝行。

十二月三十日。正月用の買い物をすませ、畑の草むしりも終わって、少し自分の時間がとれる。天気もよく、風もない冬の一日。

まさに地衣日和。

自宅にも思った以上に地衣類が生えていた。そこで、近所の地衣探検も試みる。

まずは近場にある小さなK神社へ。小さなころからときおり足を向けた、高台に建つ神社は、背後に常緑樹を背負っている。夏になると子どもたちの祭りの太鼓の練習が夜な夜な響き渡るのもこの場所だ。石段を上ると、「コケ」むした……いや、地衣むした一対の狛犬が迎え入れてくれ、小さな境内と、その奥の社が見える。振り返れば、高台から望めるのは、波穏やかな館山湾だ。

実は、この探検の前にもすでに、この狛犬の地衣が何なのか気になって、調べたことがある。ウメノキゴケはわかる。コフキヂリナリアもわかる。しかし、痂状地衣がわからなかった。黒い子器をつけたものと、赤っぽい茶色の子器をつけたものがある。赤っぽい茶色の子器をつけたものは、ほんの少ししかついていない。

狛犬の地衣をむしったり、削り落としたりしてもよいものか。

少し悩むところであった。

そこで、ヤマモト先生の話を思い出す。

ヤマモト先生、四国八十八か所地衣巡りをしたとか、しなかったとか。とにかく、先生の四国での地衣類観察の折の話だ。

「お地蔵さんの頭の上に地衣類が生えていたんですよ。僕は採ろうと思ったんですけど、一緒にいたTさんはおそれおおくて採らないって。結局、僕は頭に生えているヤマトキゴケをむしっていただきましたよ。髪の毛をむしったようなものだから、いいんじゃないかと思ってるんだけど」

先生から、この話を聞いたときは笑ってしまった。

では、この話を思い出し、「狛犬さん。お体にカビのようなものが生えていますから、少しむしらせてくださいね……」とでも心の中でつぶやいて、本体を傷つけないように、少しだけいただくことにしようか。

狛犬についていた黒い子器をつける地衣はルーペで見てみるとホシスミイボゴケじゃないかと思う。しかし、赤っぽい茶色の子器をつけるものがわからない。図鑑に載せられた写真と見比べると、チャシブゴケが似ているような。そこで、ヤマモト先生に、チャシブゴケでしょうか？　というメモを添えて送りだした。

びっくり。

返答には「ヒメザクロゴケです」とあったからだ。

それって、和歌山で木の幹に生えていた、ちょっとレアな南方系の痂状地衣じゃなかったっけ？

しかも、「千葉県初記録のようです」とも付け加えられていた。

南もののレアな地衣。

たちまち、血が逆流するような思いがわき上がる。

チャンスを見つけ、もう一度、ちゃんとこの神社で地衣類を見ないと。そう思ったわけだ。そのチャンスが、ようやく年末の帰省の折にやってきた。

見ていくと、K神社の境内には、狛犬以外にも、いろいろと地衣が生えているところがある。狛犬の脇のサクラの樹幹にはウメノキゴケとナミガタウメノキゴケがついている。ツバキの木にはカシゴケとモジゴケの仲間、それにコフキヂリナリア。イチョウの樹幹にはムカデコゴケと種類のわからない痂状地衣がある（あとでヤマモト先生から、ダイダイゴケですという鑑定結果が届いた）。木製のベンチもウメノキゴケやら痂状地衣やらで、もう、地衣だらけ。どうやらこの神社は、結構な湿度だまりであるようだ。そして、境内脇の駐車場に立っているムクノキに目がとまった。なにやら樹幹に生えていそうな雰囲気がする。

それが何にせよ、ある生き物を追いかけていると、あそこにはいそうだという気配を感じることが

神社の狛犬［千葉］
ウメノキゴケとコフキヂリナリア

ある。人によっては、「ニオイがする」といった表現を使ったりもする。冬虫夏草を探していても、一見よさそうに見える森でも、「気配がないな」と思うことがあったり。逆に、ここには生えていると感じて、そのカンが当たることがあったり。

そして、このムクノキには、なにやら気配があった。近寄ってみると、はたして樹幹は痂状地衣だらけだった。そして、目にとまったのが、樹幹の小さな赤い点々だ。

ヒメザクロゴケの子器!

おおおっ。心の中で小さな雄叫びが上がる。

狛犬にはほんのちょびっとしかついていなかったので、周囲の木についているところがあるんじゃないかと思ったのだが、ほんとうにあった。しかも数えたら、このムクノキの幹に、十三か所もついている。ほぼみんな、南側だ。そのほかにも、カシゴケ、モジゴケの仲間、オリーブトリハダゴケ、マメゴケ

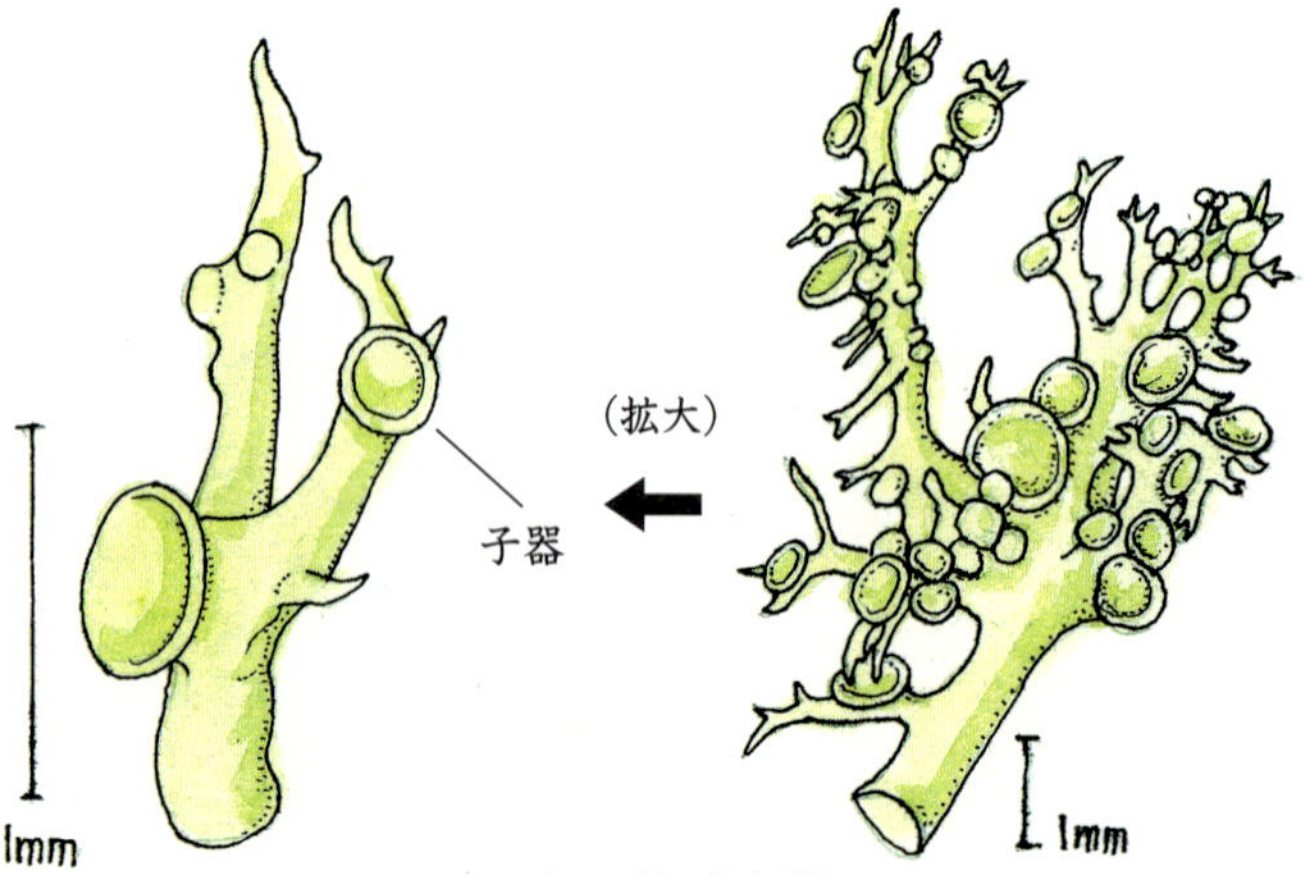

カラタチゴケ［千葉］
木や石の上などに着生する樹枝状地衣

といった痂状地衣とウメノキゴケ、コフキヂリナリアといった葉状地衣がついていた。

自分の産土の社がこんな地衣の社だとはこの日まで気づかなかった。

これに気をよくして、翌、三十一日も地衣探検。自転車で一時間かけて、地域一番の大きさと歴史を誇るA神社へ。ここにも実にいろいろな地衣が生えていた。樹枝状地衣のカラタチゴケが特に嬉しい。ただ、あわよくばヒメザクロゴケがないかと思ったら、これは当てが外れた。あちこち回ってみると、神社であっても、かならずしも地衣類が豊富に見られるわけではないことがわかる。常緑樹に囲まれすぎていると、日陰になってしまい、地衣はそれほど見つからない。かといって、風通しがよすぎると、日はよく当たっていても、地衣はそれほど見られない。そうした傾向がなんとなくわかる。

実家へ戻り、年越しそばを作って、おふくろと二人で大晦日を過ごす。

元旦。あいかわらずの地衣日和。雑煮を作って母親に食べさせ（亡くなる前まで、雑煮は父が作るものだったから）、母親に頼まれコンビニでトイレットペーパーを買い込むと、歩いて実家近くのO寺へ。一〇九七年創建という看板が立てられている。一見見通しのよい境内なので、地衣なんてと思うけれど、参道脇の石垣はウメノキゴケだらけだから、ここも湿気だまりだ。御霊木とされる夫婦樟（樹齢四百年）もその看板からしてコチャシブゴケだらけとなっている。クスノキの根元の樹皮には、橙色の子器のダイダイゴケがついている。ほかにもマツゲゴケやウメノキゴケがある。と、見ていて「あっ」と声を上げそうになった。

ウメノキゴケに、大きな子器がついているではないか。

キクラゲを小ぶりにしたような、地衣類としてはかなり大型の子器で、差し渡しが一センチぐらいもある。以前、ヤマモト先生から、ウメノキゴケもまれに子器をつけるという話を聞いたことがある。そのとき、ウメノキゴケの子器を見た回数で、その人の地衣度が計れそうなんて思ったっけ。

やった、これで僕も地衣度、「カウント1」だ。

境内には、寺によく植えられているモクゲンジの木もあった。樹幹には、一見、そんなに地衣はついていない。どちらかというと、なめらかな樹皮だ。が、カシゴケがある。そして目を見張った。ここにも、ヒメザクロゴケがあるではないか。

やった！　再び、心の中でガッツポーズ。

その後も帰省するたびに、近所の寺や神社に足を向けてみた。こんなところに社があったんだと、初めて気づくこともある。そして、産土の社であるK神社とO寺以外にも、もう一か所、ヒメザクロゴケの生えている小さな神社があるのを見つけた。

「ヒメザクロゴケは千葉県から正式に記録がありませんでしたから、どこかで発表しましょう」

ヤマモト先生が、そんなふうに言ってくれる。

普段、沖縄に住んでいる僕が、実家に里帰りした折に、南方系の地衣類を探して喜んでいるというのはちょっと変な気もするが、南の地衣類探しは、どこか自分のルーツにつながる思いがする。

南方系の痂状地衣

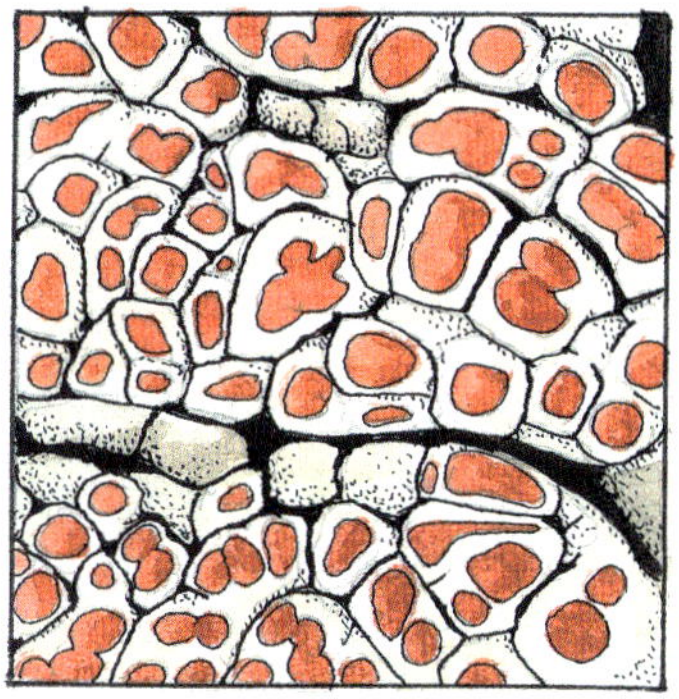

ヒメザクロゴケ

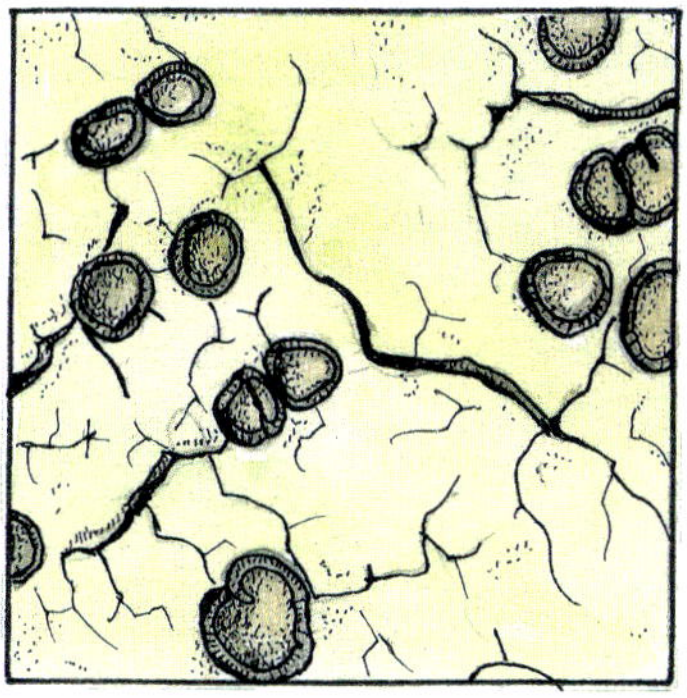

カシゴケ

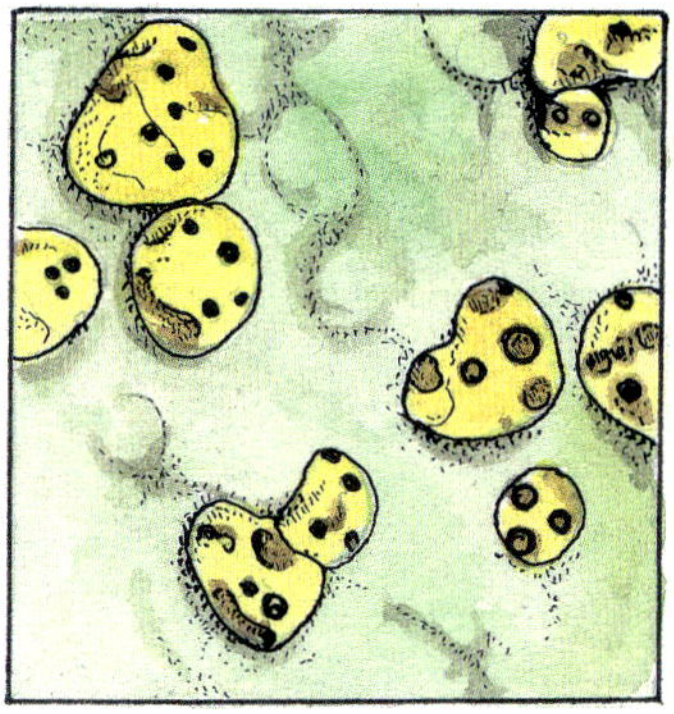

マメゴケ

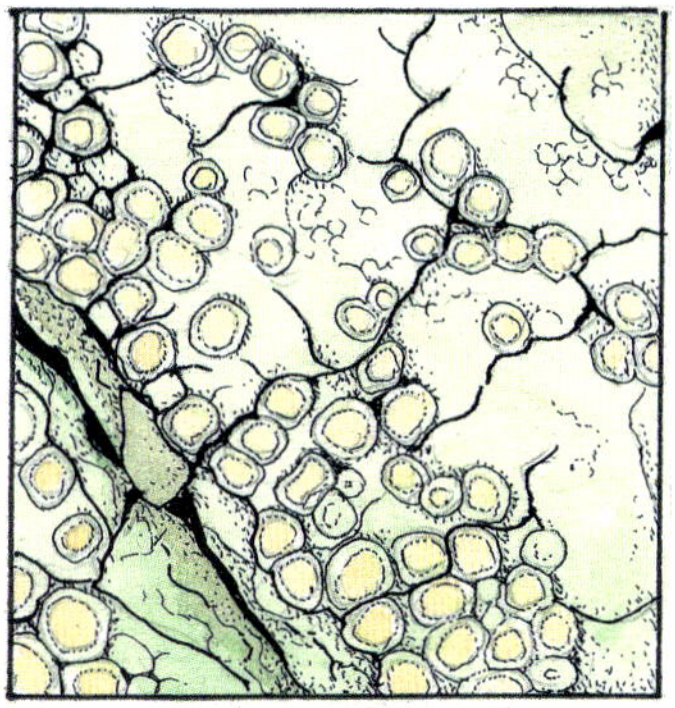

コチャシブゴケ

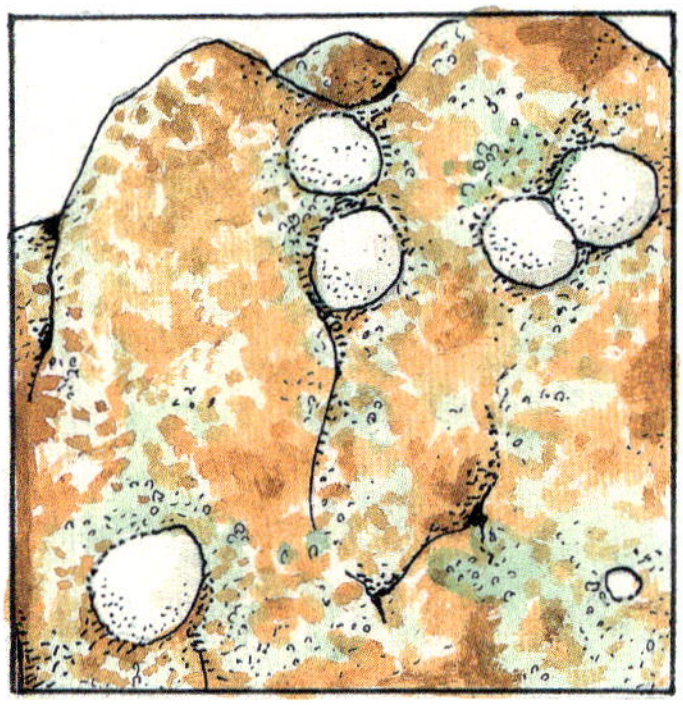

コナセンニンゴケ

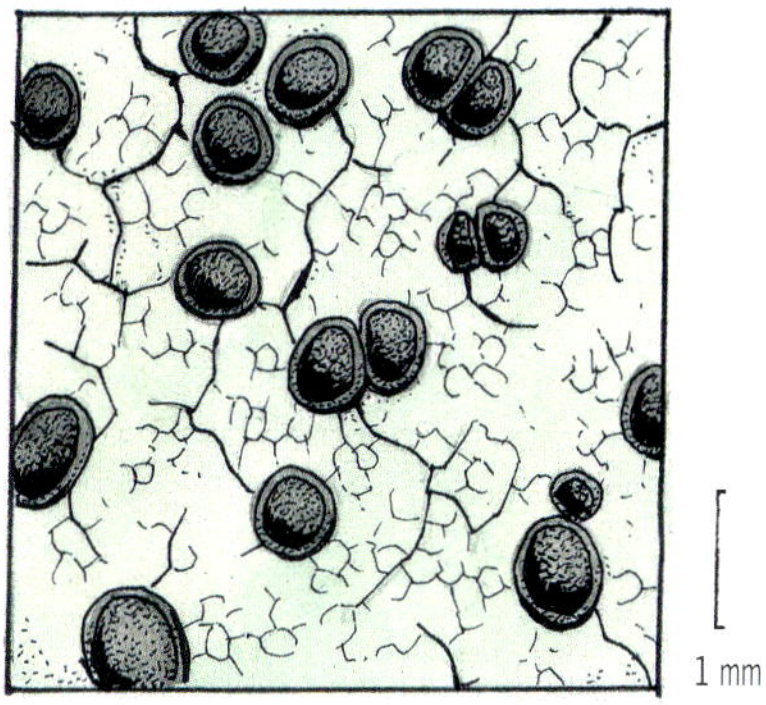

ヨツゴスミイボゴケ

◉絶滅危惧種を求めて屋久島へ

地衣類の中には、絶滅危惧とされているものもある。

「いつでもある・どこでもある」がキャッチフレーズの地衣類の中にあって、めったに見ることができない種類もあるということだ。

ヤマモト先生の話ではレッドデータに記載されているものとして、絶滅種が三種、絶滅危惧Ⅰ類が二二種、絶滅危惧Ⅱ類が二三種あり、それ以外にも準絶滅危惧種に指定されている地衣があるという。

そんな、絶滅危惧の地衣について、ヤマモト先生の発信する地衣類ネットワークニュースの読者あてに、お知らせが掲載された。

「アリノタイマツは担子地衣類の一種で緑藻を共生藻類とし、灰白色から緑色の痂状で基物に広がる。(中略)本種の国内分布を明らかにした報告はまだなく、また産地を記録した文献も見つかりません。その国内分布を明らかにしようと、私たちはアリノタイマツプロジェクトを立ち上げました。標本をお送りいただいた方には、地衣類絶滅危惧種絵葉書十枚組を進呈します」

こう、ある。

アリノタイマツ?

どんな地衣だっけ? さすがにすぐに姿形が思い浮かばない。でも、アリノタイマツプロジェクトなんて、なんだか面白そうではないか。だいたい、「蟻の松明」という名前からして、魅力的だ。それにアリノタイマツは南方系の地衣類だという。南の地衣探しとなると、血が騒ぐ。南方が分布の中心だから、沖縄でも見ることができるのではないだろうか。

ところで、僕はやっぱり、並はずれた忘れん坊であった。記録を見返してみたら、僕はアリノタイマツについて、関西の観察会の折に、ヤマモト先生から直接、話を聞いていたことがあったのだ。

一章で、地衣類には子嚢菌《しのうきん》地衣と、担子菌《たんしきん》地衣があることについて、少し触れた。二章の観察会に登場した地衣類は、すべて子嚢菌地衣だ。一章に書いたように、担子菌地衣は、子嚢菌地衣に比べ、種類数がずいぶんと少なく、地衣類の観察会に参加しても、そうそうお目にかかれるものではない。くだんのアリノタイマツは担子菌が地衣化したものだ。担子菌というのは、シイタケやマツタケなど、よく知られた傘型の子実体をつけるキノコの仲間である。だから、その担子菌に属しているアリノタイマツも、シート状の地衣体から、いわゆるキノコっぽい子実体を立ち上げる。

どんな姿をした地衣類なんですか？　と首をかしげていた僕に、ヤマモト先生は、自作の図鑑の一ページを開いて見せてくれた。地面に広がった緑色を帯びた地衣体から、オレンジ色の棒状の子実体が、点々と生えている写真が掲載されている。オレンジ色の小さな子実体を、アリのかかげる松明になぞらえたのが名の由来だが、これはなかなかしゃれたネーミングだと思う。アリノタイマツは、シート状の地衣体さえ無視すれば、地衣類というより、小さなキノコが群生しているふうに見えるだろう。見つかるのは西日本の、道脇の土手のようなところらしい。発生期は六〜十一月と長いが、子実体を出すという点は普通のキノコと一緒なので、雨の後によく見つかるとのこと。

すっかり忘れていたけれど、こんなやり取りを、僕は先生とかわしていたのだ。

さて、沖縄にアリノタイマツはあるだろうか。でも、探すにしても、まだ、どこにどんなふうに出る地衣なのか具体的なイメージがわいてこない。

先生からのメールがあって、しばらくして。毎年恒例の、屋久島行の季節となった。

僕は沖縄移住後、毎年一回は屋久島を訪れている。訪れる季節は主に六月ごろ。梅雨の最中だ。目的は、冬虫夏草の調査である。屋久島からは、その名もヤクシマセミタケという種類の冬虫夏草も見つかっている。しかし、僕が屋久島に通いだした十七年ほど前は、屋久島の冬虫夏草については、ほとんどわかっていなかった。幸い、通いだしてすぐに、僕は島在住の写真家、ヤマシタさんも冬虫夏草に興味を持っていることを知った。以後、毎年、ヤマシタさんのもとを訪れ、一緒に森の中をはいずり、虫から生えるキノコを探し回っている。その成果の一つが、それまで九州南部からわずかに記録があっただけのゴキブリから生える冬虫夏草が、屋久島でも見つかる（しかもあちこちから）ことに気づいたことだ。

六月。この年も、屋久島に冬虫夏草を探しに行く時期が迫っていた。そこで、ヤマシタさんに訪島の予定を連絡するとともに、アリノタイマツという絶滅危惧の地衣類が話題になっているのだけれど、見たことはないですか？　と、何げなくメールに付け加えたのだった。ヤマモト先生から回ってきたメールの写真も添付する。

「ある、ある」

思いもかけず、ヤマシタさんから、屋久島で撮影されたアリノタイマツの写真が添付されてきた。

ええええっ？

「もう少し、早く言ってくれたらよかったのに。見たのは五月中旬だよ」

そうメールには書かれている。いや、たぶん、大丈夫。アリノタイマツの発生期は長いと先生は言っていたから。

この年の屋久島行は、急遽、アリノタイマツ探索が目的の一つに加わることになった。

沖縄から屋久島へ、直に行くことはできない。那覇空港を夜八時近くの便で出発。鹿児島空港に到着すると、高速バスに乗り換え、港近くのホテルへ。そこで一泊したのち、翌朝七時四十五分発の屋久島行きの高速船に乗り込む。こうして、十時には屋久島・宮之浦港に到着する。

港には、ヤマシタさんが迎えに来てくれていた。僕より十歳上のヤマシタさんは、白髪に白髭。メガネの奥のまなざしは、いつも優しい。春も冬も。雪の山も、月の夜も。屋久島の森という森を歩きとおしている猛者であるのだけれど、そんな気配はみじんもなく、森を歩くときも、さまざまな生命に配慮して、そっと足を進めていきそうな雰囲気がある。

四輪駆動の軽自動車、ラパンに乗り込み（ちょうどコフキヂリナリアのような色をした車体だ）、アリノタイマツをめざして森へ。両脇から草が覆いかぶさるような、あまり使われていないとおぼしき林道に入り込む。しばらく車を進めたところで、停車。ここからは、歩きだ。しばらく道は樹林内だが、やがて、両脇が伐採地となる開けた場所に出る。進んでいたのは路網と呼ばれる伐採のためにつけられた道なのだ。

屋久島　伐採地の道脇に生える
アリノタイマツ

森が伐採されてから、十年ほど経っている。伐採地には、ホウロクイチゴやコシダ、ユノミネシダ、ナチシダ、リュウキュウイチゴ、ヒカゲノカズラといった明るい場所を好む草本が茂っている（屋久島はシカが増加しているので、シカが好まない草や低木の割合が多い）。カラスザンショウやアブラギリなど、高木になる木の若木も伸びあがっている。

湿気を好む冬虫夏草の探索が主な目的だから梅雨時期に設定したのだけれど、この年は梅雨明けが早まったのか、天気は晴れ。開けた伐採地は暑いこと、このうえない。そんな日の照る未舗装の路上に、アリノタイマツはあっけなく生えていた。それでも、見つけた瞬間、「おおっ、これか！」と声を上げ、ヤマシタさんに笑われてしまう。

笑われてみて気がついたのは、自分がどうやら地衣を見つけて本心から嬉しがっているということ。ヤマモト先生には及びもつかないが、地衣には多少の愛情を持つようになっているらしいことだ。

それにしても、こんなにかんかん照りになるようなところに生えているのかと、ややびっくり。アリノタイマツの子実体は、まさに小さなキノコだから、なんだか日陰に生えていそうに思えてしまうのだ。でも、アリノタイマツも、地衣である。共生藻に光合成をしてもらうには、日向の方がいいわけだ。

「屋久島では普通に見かけるよ。こんなに普通にあるのに、ウォンテッドなの？」

ヤマシタさんが、不思議そうに言う。僕がアリノタイマツを訪ねる以前から、ヤマシタさんに、その姿はお馴染みだったわけ。

道沿いに、アリノタイマツの子実体が群生しているところが、点々とある。土や石ころの上に、やや白みがかった緑色の地衣体が広がり、そこから三センチほどのオレンジ色の子実体がつんつんと伸びている。しばらく道を歩いていたら、僕もたちまち、アリノタイマツは普通種なのじゃないかと思えてきてしまうほど。

ホトトギスの声が聞こえる。汗がだらだらと滴り落ちる。そろそろ、引き返そうか。

なんとなく、アリノタイマツの生える環境の目星がたってきた。屋久島では打ち捨てられた日当りのよい林道のようなところに生えている。こういう場所だと、やがてアリノタイマツの生育地は草に覆われてしまうだろう。となると、人工的にせよ、自然にせよ、こうした開けた場所ができて数年の間に生育し、やがて空き地に草木が茂り出すと、ほかの場所に移っていくという放浪的な生活をしている地衣ではあるまいか。こうした暮らしをしているアリノタイマツは、同じ場所に何年も貼りつき、一年に数ミリずつしか成長をしない痂状地衣からすると、かなり変わり者の地衣に思えてしまう。

見つけたアリノタイマツの標本をヤマモト先生に送りだす。

しばらくして、メールにあったように、絵葉書セットが送られてきた。

「準絶滅危惧種　ヒョウモンメダイゴケ」

「絶滅危惧I類　クロイシガキモジゴケ」

「絶滅危惧II類　コフキニセハナビラゴケ」

こんなキャプションがついた地衣類の写真が、どどんと印刷された絵葉書たち……。嬉しいけれど、いったい誰に出そうか？

◉アリノタイマツ再び、奄美大島へ

屋久島と並んで、ここ十年ほど毎年、奄美大島に出かけるのが恒例となっている。奄美大島行は、梅雨の終わった七月の初めごろだ。奄美大島には、マエダさんがいる。マエダさんは、島で造園業を営みながら、島の虫や植物たちを見続けてきた、これまた島の生き物屋の生き字引的存在だ。十年前にたまたま、千葉の博物館に勤める虫屋兼植物屋の同級生と、鹿児島大学の教員を務める植物屋の同級生が、いずれもマエダさんの知人であることがわかって、大学時代の同窓会も兼ねて奄美大島に集まり、島の生き物を見ることが続いている。

奄美大島では、連日、島の南部に広がる森の中に潜り込んで虫やら植物やらを見ていた。が、先に帰る同級生を空港へ送りがてら、島の北部へ車を走らせることになり、牧場と採草地が広がったところにさしかかった。その場所に、ちょっと珍しいツルウリクサという植物があることをマエダさんに教わったと友人が言う。「せっかくだから、探してみよう」と。そこで車を道脇に止めた。

見渡すと荒れた牧場の一角に裸地がある。

なんだか、「気配」を感じる。

そこでツルウリクサを探す友人とは別に、裸地をめざして牧場に入りかけるが、草にはばまれ、前に進めない。なにせ、奄美大島のことだ。足元の見えない草むらにがむしゃらに突っ込むのは、ハブの存在を思い浮かべるとためらわれる。一度、道路に引き返し、牧場の縁をうろついて様子をうかがう。すると、何とか裸地に近づけそうなルートが見えてきた。道脇の土手をよじのぼり、草丈の低いコシダの生える一角を進む。ワラビやノボタンなども点在している。ところどころ草の根元にむき出しの土が顔を見せていて、その表面に食虫植物のコモウセンゴケが生えている。食虫植物が生える土は、貧栄養であるということだ。雨で表土が流れてしまったせいだろう。と、土の上に、地衣特有の白みがかった緑色が見えた。さらによく見ると、明るいオレンジ色の棒状のキノコの姿も。

アリノタイマツ!

予感どおり、生えていた。

ただし、地衣体は五センチ×一〇センチほど。子実体も一センチ以下で、全部で十本もない。屋久島で見たものと比べると、地衣体の大きさも、子実体も実に貧弱だ。さらに、草地の中を歩き回ったが、これ一つしか見当たらない。最初にめざした裸地にも、一つも生えていなかった。草に負けて消えつつあるアリノタイマツの姿といったところか。それでも、何はともあれ、自力でアリノタイマツを発見できた。

「アリノタイマツー!」

僕は、友人に向かって、そう大声で叫んだ。

その翌日。

再び、車を北上。いくつか峠を越える。とある峠を越えたところで停車。その場所に池があるとガイド役のマエダさんが言う。が、僕の方は、池の脇の崩壊地に目が向いた。五年前の豪雨で、斜面が崩落した跡地だとマエダさんに教えてもらう。道に土砂が広がらないように巨大な黒いビニール製の土嚢が積み上げられている。それを乗り越え、崩壊地に近づいてみる。広さは二〇メートル四方といったところだろうか。

アリノタイマツは放浪的な暮らしを送る地衣だ。となると、こうした場所にもあるんじゃなかろうか。そう思う。

崩壊地の地面とにらめっこ。最初はコケしか目に入らない。が、そのうち気になる白っぽい緑色のパッチがあるのが目にとまる。さらに見ていくと、干からびたオレンジ色の子実体が数本突き出ているものがあった。やっぱり、あった。アリノタイマツ。アリノタイマツは、どうやら本当に攪乱された地面に最初に入り込むパイオニア的な地衣のようだ。

この場所では、地表にいくつかの地衣体が見つかった。一つ一つの地衣体は小さく、五センチ四方程度だが、二つの地衣体で子実体が林立しているのも確認できた。

ここを後にして、しばらく行ったところに、もう一か所、人為的に削ったガケがあった。ガケの表面には、崩落を防ぐため、ワイヤーの網が張られている。しかし、こちらは表面ががらがらの小石状。石の上には樹枝状地衣のキゴケの仲間は生えていたが、アリノタイマツは見当たらず。それでも、奄美大島では、探してみれば、きっと他の場所でも、アリノタイマツが生えているところがありそうだ。

沖縄に戻って。

スギモト君に会う機会があったので、屋久島と奄美大島でアリノタイマツという地衣類を探してね……という話をした。

ここでも、自分の記憶力のなさに行き当たる。

「それ、アリノタイマツっていうんですか。前に奄美大島で見たことありますよ。ちょっと変わったキノコだなあって思ったから、写真を撮って、ゲッチョに見せたじゃないですか」

こう、スギモト君が言うではないか。そうだっけ？

では、沖縄島にもアリノタイマツは生えているだろうか？

◉沖縄島にアリノタイマツはあるか？

休日、那覇から沖縄島北部・やんばるに向かう。那覇から高速道路に乗って一時間。さらに一般道を一時間。そこから林道に入り込んで十五分ほど。めざすは雨でくずれた崩壊地だ。

以前、東京からやってきたキノコ屋の一団をやんばるの森に案内したことがあった。案内しようと思ったのは、いずれも過去に冬虫夏草が見つかったことのある場所だ。湿度を好む冬虫夏草は、森の中でも限られた場所にしか発生しない。やんばるというと、ヤンバルクイナや、ヤンバルテナガコガネなどの固有種が棲息する森として有名だ。そのため、僕も沖縄に移住する前は、原生的な森が広がっている場所だと思い込んでいた。しかし、実際に入り込んでみると、やんばるの森も、古くから人の手が入ったところであることがわかる。森で目につくのは、古い炭焼き窯の跡だ。また、ふと周囲を見渡すと、木々の太さが一様な場所にも気づく。伐採されてから、まだそれほど時間が経っていないということだ。川の源流部にはダムも多い。米軍基地もある。やんばるといえども、原生的な雰囲気を残す森は、ほんのわずかパッチ状に残っているに過ぎない。そうしたパッチ状に残された森に、冬虫夏草が発生する。

キノコ屋の一団を、ザトウムシという脚の長いクモのような生き物から生える冬虫夏草が見つかる、オキナワウラジロガシの森に案内しようとして林道を走っていたら、道脇の斜面が崩壊していて車が進めなくなった。これが数年前のこと。その後、道を埋めていた土砂は取り除かれたけれど、道脇の崩壊した斜面はそのままになっているはず。奄美大島でアリノタイマツを見た崩壊地と似た雰囲気があるから、そこならアリノタイマツが見つかるのではないかと思ったのだ。

林道に車を止めて、土がむき出しとなっている崩壊した斜面とにらめっこをする。

ない。

アリノタイマツらしきものは、まったく、ない。ただ、以前、関西の地衣類観察会で見つかったとき、一行が盛り上がったコナセンニンゴケは生えていた。コナセンニンゴケは、やんばるでは、土手などに、わりと普通に見つかる地衣だ。

アリノタイマツを求めて、あてどなく林道を走り回る。伐採地があった。入り込んで地面を探すが、やはり見つからない。林道沿いの土手なども見て回るが、やはり、ない。屋久島、奄美大島であっさりと見つかったので、それなら沖縄島でもと思ったのだけれど、そう簡単ではなかった。

琉球列島の自然は、本土とは大きく違っている。また、琉球列島の中でも、島ごとに自然の様相は異なっている。コケやら地衣やらを追いかけているうちに、沖縄島の特殊性というものに気づくようになる。

たとえば、二章で紹介したように、沖縄島ではウメノキゴケも数えるほどしか発生場所を知らない。最初、本土では普通種のウメノキゴケを沖縄では見かけないことから、ウメノキゴケは北方系の地衣類なのかと思っていた。ところが、ウメノキゴケに関する論文を読んでみるとそうではない。「ウメノキゴケ類の分子系統」と題された論文には、「ウメノキゴケ科はもっとも普通でもっとも知られた子嚢菌の科の一つで、その中に約八五属、二四〇〇種もが含まれる」「ウメノキゴケ属は三〇〇種以上を含む大きな属で、明らかに種分化の中心を熱帯太平洋諸島と南米に持っている」と書かれていた。また、別の論文にも目を通したら、ウメノキゴケという種そのものが、ハワイやグアムにも分布していた。つまり、沖縄でウメノキゴケを見ないのは、南の島だからという理由ではないのだ。沖縄島でウメノキゴケが見つかるのは、いずれも沖縄島北部東海岸沿岸の、海から湿った風が入り込んでいると思われる場所である。つまり、湿度の問題が大きい。

ウメノキゴケからいえるのは、沖縄島はどうやら全体的には乾燥気味ということだ。これは、先にも少し書いたが、コケを追いかけているときにも気づいたことだった。

一章の大分での観察会の場面で蘚苔類のギンゴケを「コケ界のゴキブリ」と紹介した。ギンゴケは東京などの大都会の道端にも生えているコケだ。ところが那覇の街中ではギンゴケを見ない。探してみたところ、結局、沖縄島では三か所で見つけることができた。一か所目は本部《もとぶ》半島の山の頂上。低い山だけれど、よく雲がかかる場所だ。もう一か所は沖縄島中部の田んぼの畔。さらにもう一か所は那覇の港近くの歩道橋。この場所は海風が絶えず当たるので、湿度が保たれているところだと思えた。ギンゴケの場合も、沖縄島では、こうした他の場所より多少なりとも湿度条件が好適な場所にしか生えていないようなのだ。

二章では、地衣類の中でも、都市部に普通に見られる種類として、ツブダイダイゴケを紹介した。ツブダイダイゴケは街中のコンクリートの上などでも見られる地衣だ。このツブダイダイゴケも、那覇の街中では見かけない（ためしに屋久島の人里で気にして見たら、人家脇のコンクリートの上に生えていた）。ツブダイダイゴケの場合、世界的な分布が調べられていないので、沖縄島で見られないのが、乾燥によるものか、温度が高すぎるか、どちらの要因によるものかは、まだ断定できていないのだけれど。

このように、コケや地衣類から見ると乾燥気味であるといえる沖縄島からは、今のところ、アリノタイマツを見つけられていない。聞いてみたところ、スギモト君も、沖縄島でアリノタイマツを見たことはないという。では、そんな沖縄島には、どんな地衣類が生えているのだろうか。

●ヤマモト先生、沖縄へ

本土での観察会に参加しているうち、ヤマモト先生の口から、「次は沖縄で観察会を開きましょうか」

という言葉が飛び出した。

「やった」

ヤマモト先生の観察会に参加するようになって、ほんの少しではあるけれど、地衣類の名前に聞き覚えがあるものが増えてきた。ただ、地衣類といっても、地域が違えば様相が異なる。だから、普段、見かける沖縄の地衣類は、さっぱりわからないまま。でも、ヤマモト先生が沖縄まで来てくれれば、南の地衣類について、本拠地で教えてもらうことができそうだ。

記念すべき、沖縄での初めての観察会（それ以前にも先生自身は沖縄で何度か採集、観察をしたことがあるらしいが）は、七月。台風の来襲が危ぶまれる中でのことだった。幸い、直撃は免れたものの、雲行きはまだ怪しい。朝、ヤマモト先生と別のホテルに宿泊している本土からの参加者を迎えに行く。

「はじめまして」

ホテルの玄関でそう口にしたら、「はじめてじゃありません」と言われてしまった。なんと、御岳山の観察会で一緒だったナカジマさんだったのだ。ああ、また、やってしまった……。

その後、ヤマモト先生をホテルでピックアップ。一路、やんばるへ向かう車中。

沖縄島ではウメノキゴケが珍しいという話になった。「沖縄島は中緯度高圧帯の下に位置していますからねぇ」とヤマモト先生。そういえば、グアムに行ったときは、ホテルの庭木にも、しっかりと樹枝状のカラタチゴケの仲間が生えていたものなあと思い返す。

「そうです。小笠原とかにもカラタチゴケは生えていますよ。ハワイにも地衣がよく生えていますしね」

そう、先生。

確かに太平洋の島々の地衣類のチェックリストを見ると、ハワイから記録されているウメノキゴケ属の地衣類だけで二四種もの名があげられている。

めざすのは、かつてスギモト君が案内してくれた、地衣類がたくさん生えていた川沿いの森と、ウメノキゴケの生えていたウタキ。途中、スギモト君と待ち合わせ。

待ち合わせ場所の近くに、マングローブ林があった。南の島特有の、海水と淡水が混じり合う、川辺の汽水域《きすいいき》に生える森だ。せっかくなので、そのマングローブ林でも地衣類ウォッチング。

林内に入ってしまうと、暗くなるから、地衣類はあまり見つからない。地衣類が多いのは、林縁の樹幹だ。ただし目につくのは、幹に「模様」のようにひしめく痂状地衣である。

「同じ幹にとなり同士に生えている地衣類で、せめぎ合ったりしているんですか？」

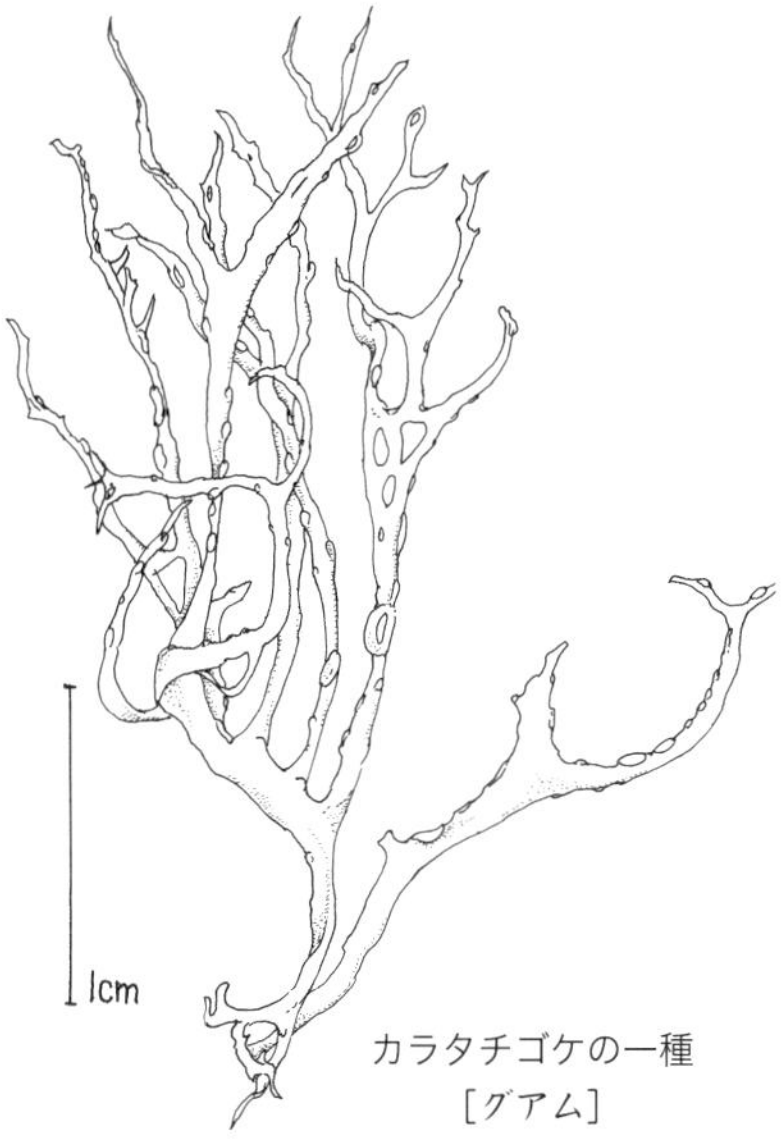

カラタチゴケの一種
［グアム］

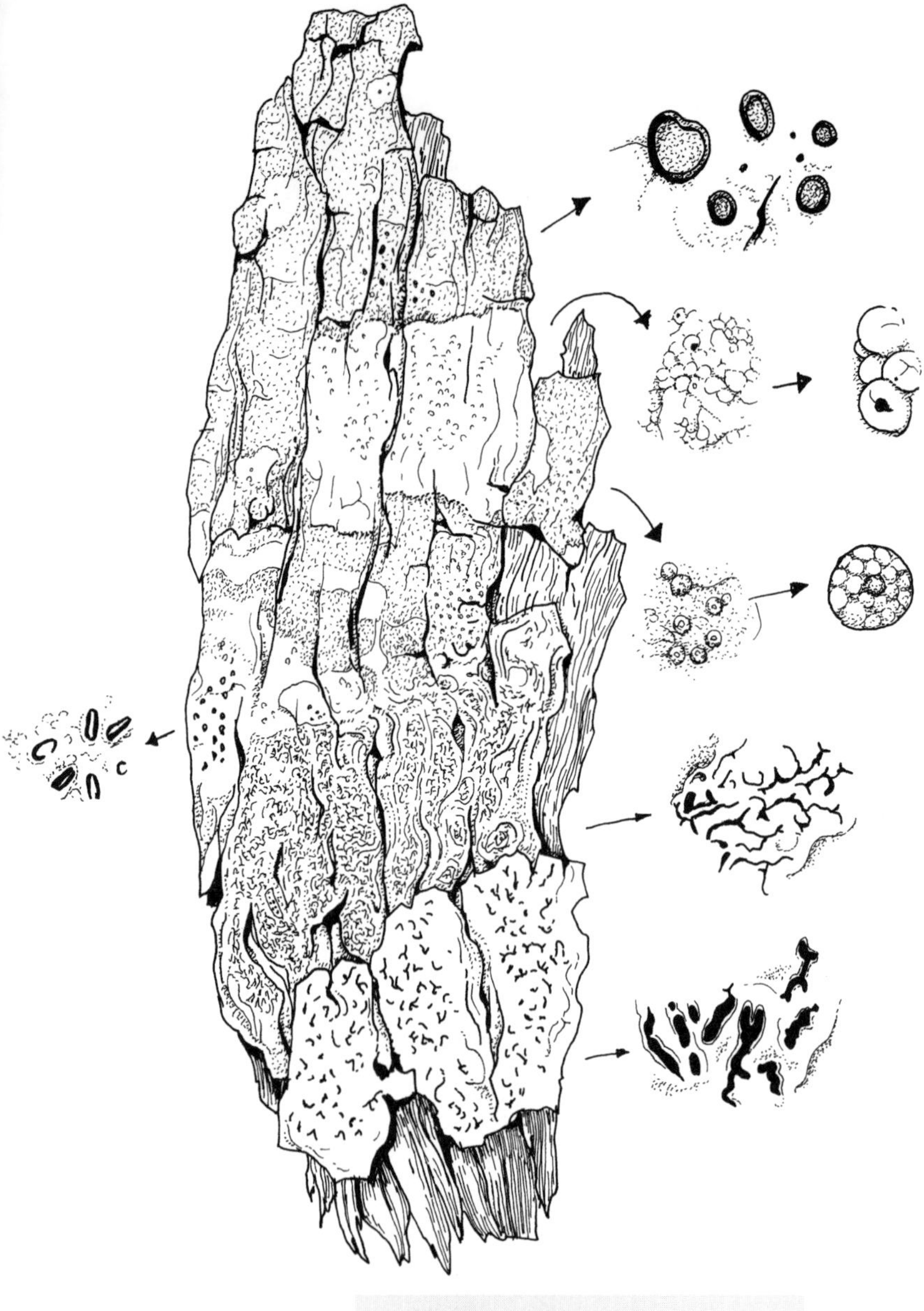

シイの樹皮上に見られた
さまざまな痂状地衣［沖縄島 やんばる］

スギモト君のつれあいのピーコさんが（もちろんあだ名。本名はマユミさんなのだが、大阪のマユミさんとまぎらわしいので、あだ名を使わせていただく）そう、聞く。

「痂状の地衣は、となり合ったもの同士の間に境界線ができると、もうそこから動かないんですよ」

ヤマモト先生が答えた。

「結構、平和ですね」とスギモト君。

「木から栄養を取っているわけじゃありませんから。人の家にたとえると、家を建てて、広げていったけれど、軒先が隣の家とぶつかったら、そこで家の拡充を止めるとか、そういうかんじです。ただ、隣に葉状地衣が生えていた場合は、痂状地衣は覆いかぶさられてしまうということはあります」

一か所にとどまって、成長するわけでもなく生き続けるというのは、なかなか独自の生き方ではなかろうか。

「このオレンジ色のは何ですか？」

スギモト君が、樹幹のところどころのオレンジ色のパッチを指して聞いた。

「これはモジゴケの共生藻類のスミレモです。もともと、こんな赤い色をしていますが、地衣の中では緑色をしています。それで、地衣体からスミレモが外にもれ出ると、オレンジ色に戻ります」

そうヤマモト先生が言う。言われてみると、痂状地衣のモジゴケの仲間に隣接して、スミレモのオレンジパッチがある。

スミレモは緑藻の仲間だけれど、カロチンを持っているため、オレンジ色（というより、ニンジン色）

をしている。それにしても、共生藻が地衣から「もれる」って？

「僕が地衣に興味を抱いたきっかけは地衣類が培養できるか？　ということでした。培養してみて、いろいろわかることがあります。地衣類の菌と藻類を別々に培養してから、一緒にしても、培地に栄養があると一緒にならなかったりします。藻類は水分があると菌と共生しないし、菌は培地に栄養があると藻類と共生しません。本当は自由気ままに生きていたいんだけど、どちらかだけでは生きていけないから一緒になっているのかもしれません。なんだか夫婦みたいですね。地衣成分は菌と藻類が共生すると初めてできます。自由気ままに菌だけで生きている状態だと、地衣成分はできません。地衣成分の役割としては、紫外線制御、環境耐性、蘚苔類に対しての防御、抗カビ、抗細菌、抗昆虫……といろいろあります」

共生というと、菌と藻類がウイン・ウインの関係にあるような気がするけれど、決してそうではないというのが、ヤマモト先生の考えだ。共生することによるストレスもある。共生者へのコントロールもある。地衣体の中で、無制限に藻類が増殖しても困るわけだから。そうした共生藻類の制御にも、地衣成分が使われているとヤマモト先生。スミレモの場合は共生すると、地衣成分の影響でカロチンを作らなくなって、ただの緑色の藻になるようだ。

「ただ、いつもコントロールが効くわけではありません。だから地衣類から藻類がもれ出ることがあるわけです」

そういうことなのだ。

スギモト君と合流できたので、ヤマモト先生をウメノキゴケの生えているウタキに案内する。このウタキは沖縄島には珍しくウメノキゴケが見られるが、珍しいのはそれだけではないとヤマモト先生。

「ウメノキゴケが何重にもリング模様になっているでしょう」

先生に言われて初めて、気づく。ウメノキゴケはいびつな円形の地衣体を作り、年とともに周縁部が広がって成長する（ヤマモト先生が田沢湖でキウメノキゴケを使って計測した例だと、年間五ミリ大きくなるとのこと）。こうした成長の形をとると、当然、地衣体の中心部が一番古いということになる。そのため、葉状地衣の場合、成長と共に、中心部が枯れてリング状になることがある。そうして中心部の地衣体のない部分に、新たなウメノキゴケが生えだすと、二重の円ができあがり、こうしたことが繰り返されると、円が何重も重なった地衣体を目にするようになる。ヤマモト先生いわく、「バラの花状」のウメノキゴケ。もちろん、こうした状態になるには、その場所が永続的にウメノキゴケの生育に適した状態であることが必須だ（基質の木が何十年も伐られたり倒れたりしないことが必須なのはいうまでもない）。

「一番外側のウメノキゴケは、百年ぐらい経っていると思いますよ。こんなのは、珍しい。地衣学会的には天然記念物です。もっとも和歌山には世界最大で千年以上も生きているという、岩上に生える痂状地衣がありますが」

そう、ヤマモト先生。

うーん、百年も経ったウメノキゴケって、なんだかすごい。

やんばるの痂状地衣

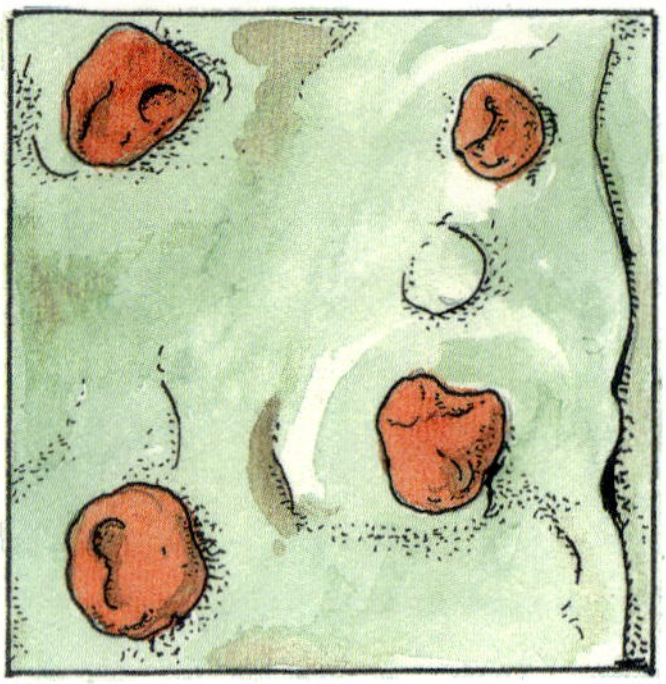

ウメボシゴケ

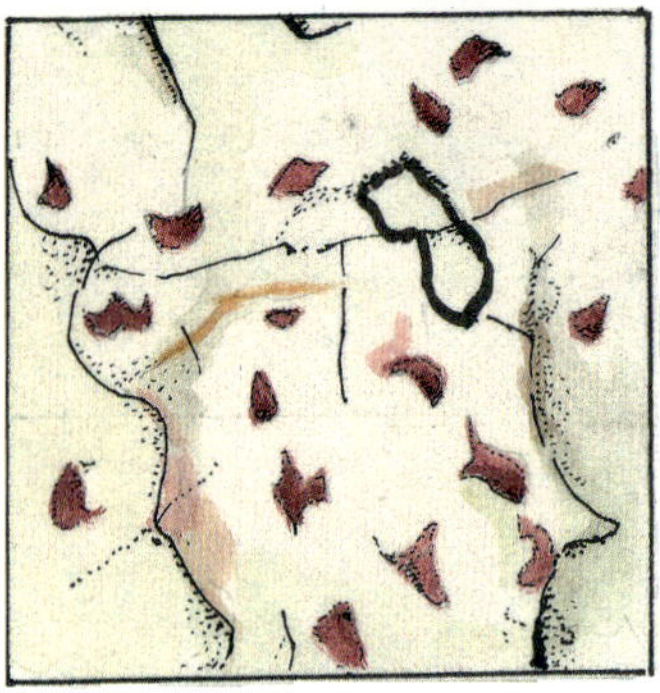

アカボシゴケ

オニサネゴケ

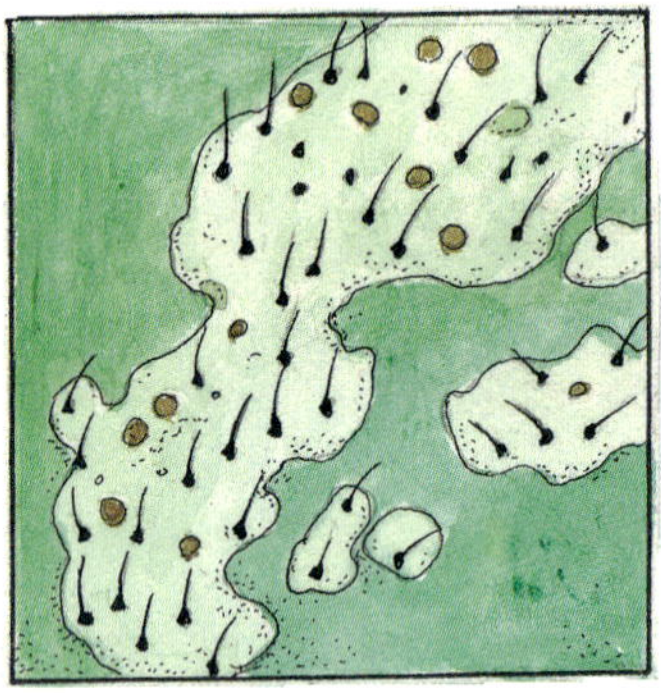

ヨウジョウクロヒゲゴケ

1 mm

マルゴケの一種

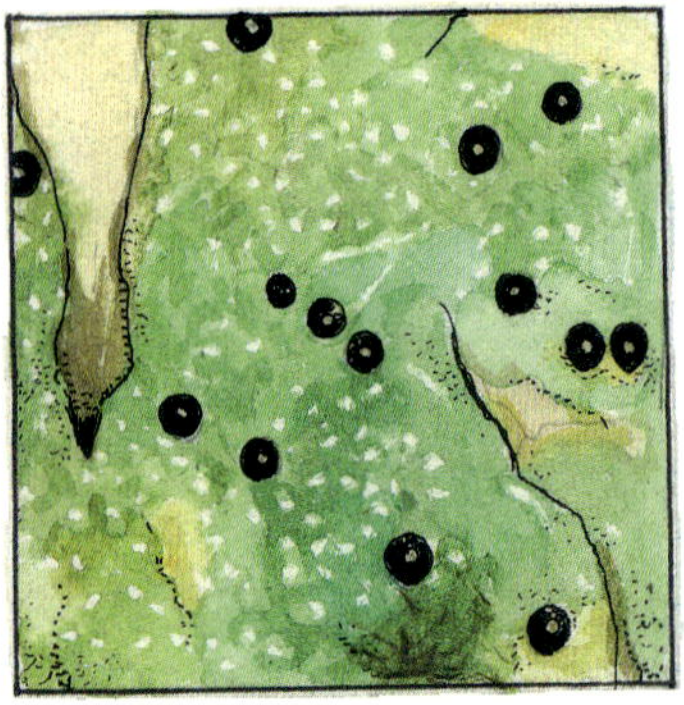

ハクテンサネゴケの一種

ウメノキゴケ以外にも、地衣はある。先生、たちまち木に張りつくように近づいて、幹の「模様」とにらめっこ。僕らもならって、木に向かう。

「車を降りたら、すぐそのあたりの木に向かって行くので、前に、ある雑誌の記者に、カブトムシかクワガタみたいですねと言われたことがありますよ」

先生は、笑いながら、そんなことを言う。

コフキヂリナリア、クチナワゴケ、コバノアオキノリ……次々に名前が判明していく。もちろん、その場では種名までわからないものもある（後で、それまで小笠原からのみ記録されていたシマウメノキゴケがこの場所に生えていたことを、ヤマモト先生から教えられた）。ほほうと思ったのは、コフキヂリナリアの子器が見つかったこと。コフキヂリナリアの子器は、円盤型で黒い。拡大して見ると、羊羹を連想させる姿をしている。でも、以前、関西での観察会の折に、コフキヂリナリアの子器はレアと先生に教えてもらったけれど？　どうやら、本土ではコフキヂリナリアが子器をつけるのはまれであるが、沖縄の場合、そこまで珍しくはないようだ（というのも、沖縄島の別の場所でも、子器をつけたコフキヂリナリアを見つける機会があったから）。

つづいて、川沿いの森へ。

岩の上にも、木の幹にも痂状地衣が多い。なんといっても、沖縄島では葉状や樹枝状に比べて痂状地衣が多いのだ。痂状地衣の種名判別には、子器の断面や胞子の観察が欠かせないのだが、これには室内での顕微鏡観察が必要だから、その場で名前までは判明しないことが多い。ただし、なかには特徴的な姿のため、野外で種名がわかるものもある。その一つが、この森で見つかったウメボシゴケ。地衣体に点々と、赤く小さな子器がついている。拡大して見ると、まさに梅干し。もっとも、僕には、梅干しは梅干しでも、沖縄でよく売られているスッパイマンという商品名の乾燥梅干しに似ていると思えたけど（この地衣の以前の名前はアカチクビゴケという。子器の形に何を連想するかは人それぞれなのだろう）。この場所のウメボシゴケは岩の上についていたのが珍しいですね、とヤマモト先生。普通は樹幹につくものなんだとか。のちの話になるが、このときウメボシゴケは少し珍しい種類と言われたのが頭に残って、やんばるの森を一人で歩くときも気にしていた。すると、樹幹にそれらしきものを発見できた。この発見に大喜びしたものの、さらに見ていくと、なんとやんばるの森の中を走る林道に備えられたガードレールに点々とついている地衣がウメボシゴケだった。やんばるでは、全然、珍しくない……。

　この森では、野外でもはっきりと種類が特定できる痂状地衣が、さらに二つあった。いずれも、絶滅危惧とされる地衣類のヒョウモンメダイゴケとオニサネゴケだ。このうちオニサネゴケの子器はこげ茶色のお饅頭型をしている。オニサネゴケの、痂状地衣としては破格に大きな子器が樹幹に点々と

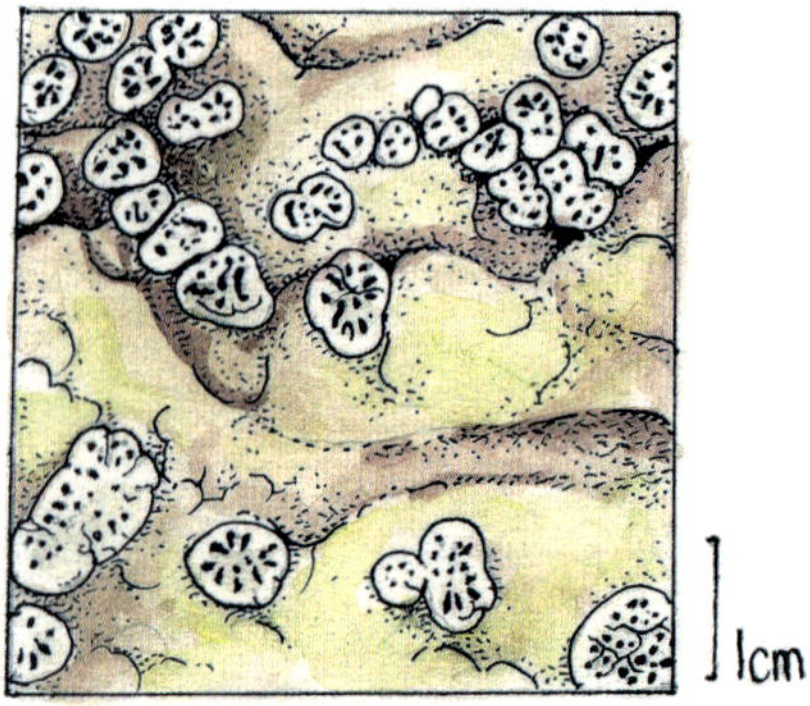

ヒョウモンメダイゴケ
準絶滅危惧種［沖縄島 やんばる］

ついているさまは、圧巻だ。ただし、なんだか皮膚病を連想してしまい、僕は少し引いてしまう。

初回の沖縄地衣観察会はこんな様子だった。そして、これを機に、ヤマモト先生が、沖縄で観察会を定期的に開催するようになったのだった。

◉沖縄の地衣類

沖縄島では痂状地衣が優占する。

それはそれで、面白いと思うようになる。あんな「模様」みたいなので、ちゃんと生きているのがすごい。ヤマモト先生みたいに、あんな「模様」みたいなものの名前を、ちゃんとわかる人がいるのもすごい。

一方、沖縄島では葉状地衣も樹枝状地衣も珍しい。だから、そうした地衣が見つかると、それだけで嬉しい。

なぜだかわからないのだけれど、やんばるの森の中の土手で、一か所だけ、樹枝状地衣がいろいろ見られる場所が見つかった。そこで、ヤマモト先生が沖縄に来る機会に、その場所で観察会を開いてもらった。

一見、ただの道脇の土手だ。ところが、よく見ると、シダ植物のミズスギや種子植物のコモウセンゴケに混じって、あれこれ、樹枝状の地衣類が生えている。

「こういうのがあると、地衣類の観察会っぽい気がしますね。初心者の参加者がいるときに、痂状ばっ

やんばるで見られた樹枝状地衣

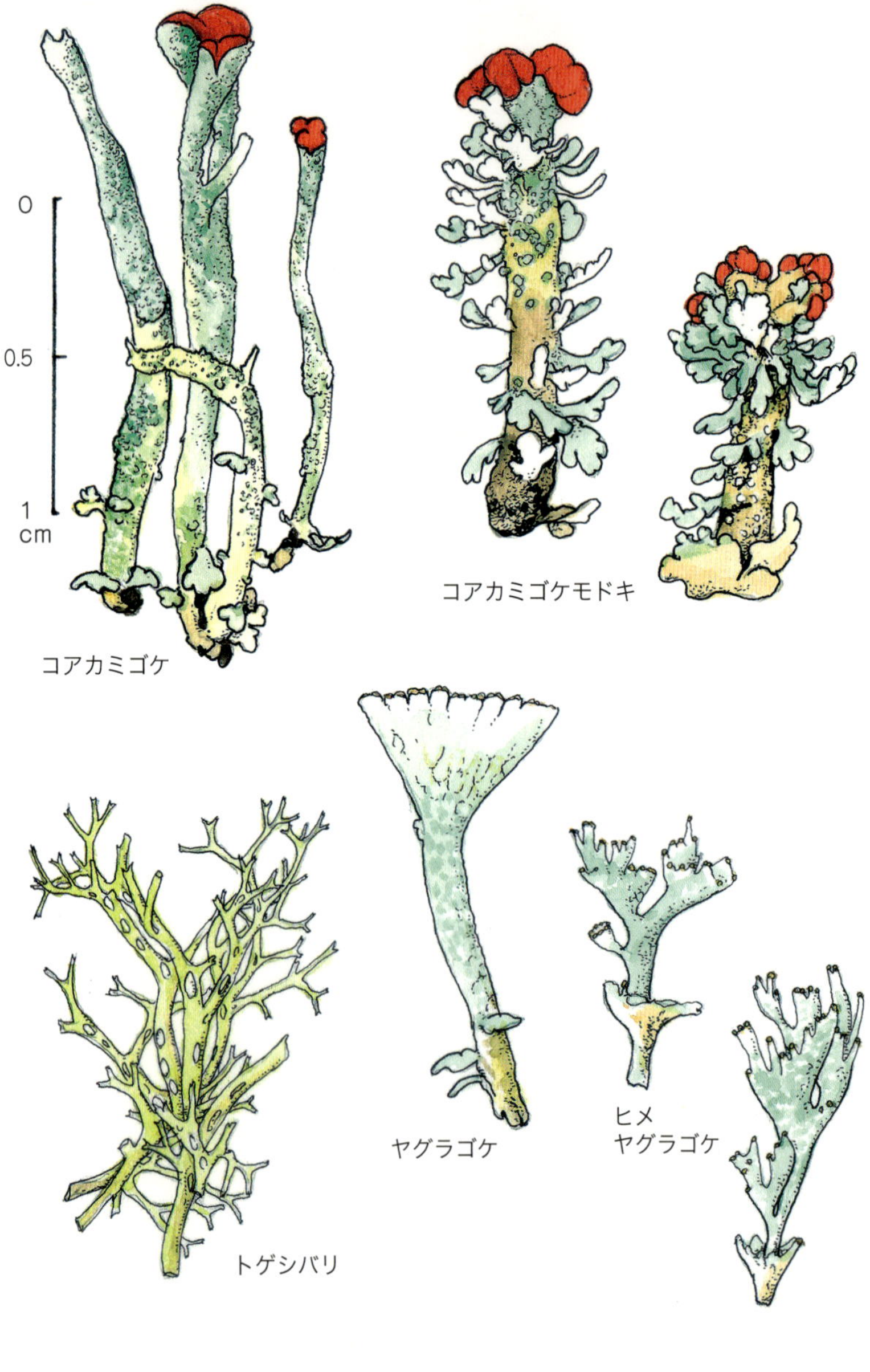

さまざまな樹枝状地衣

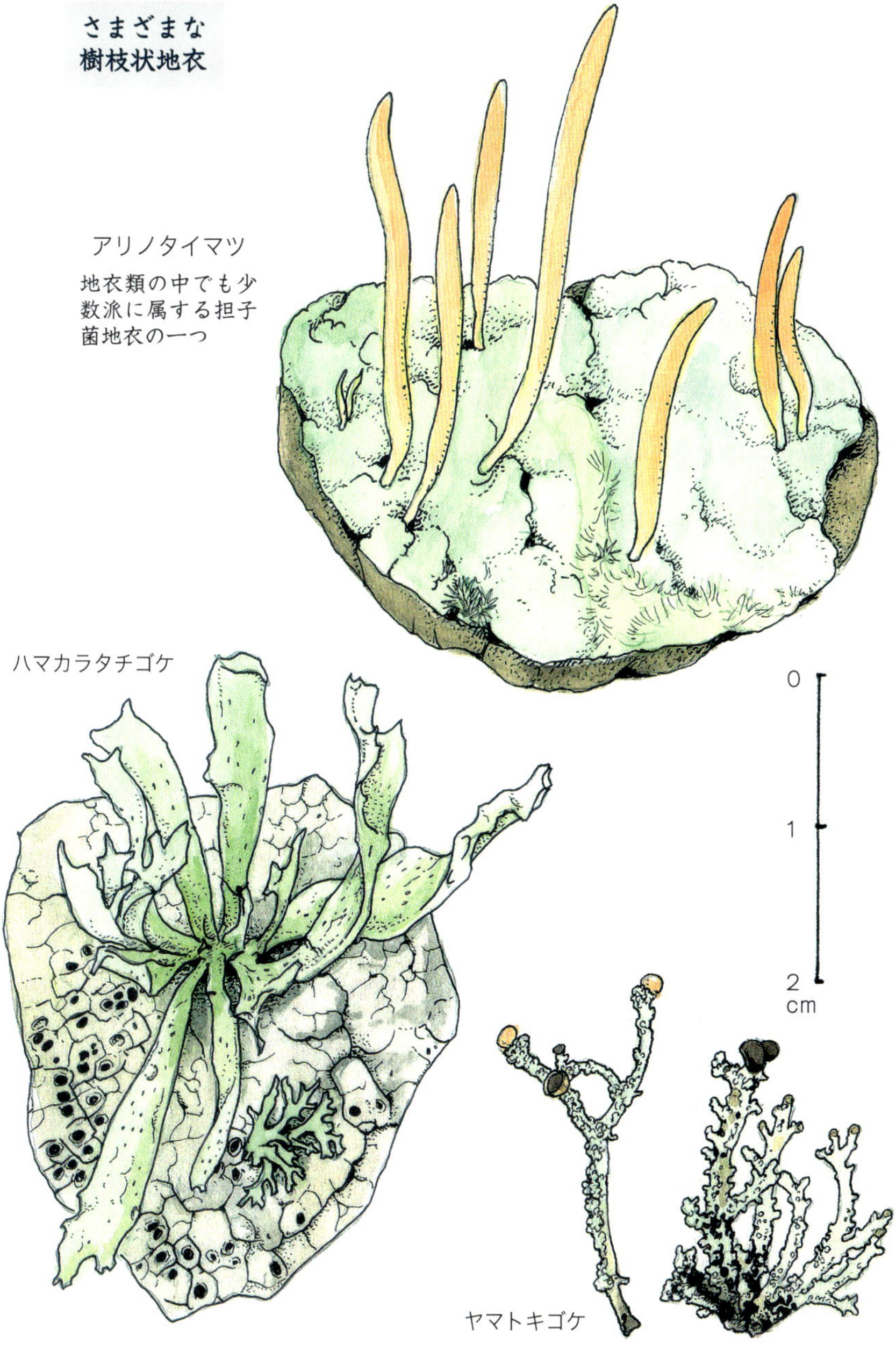

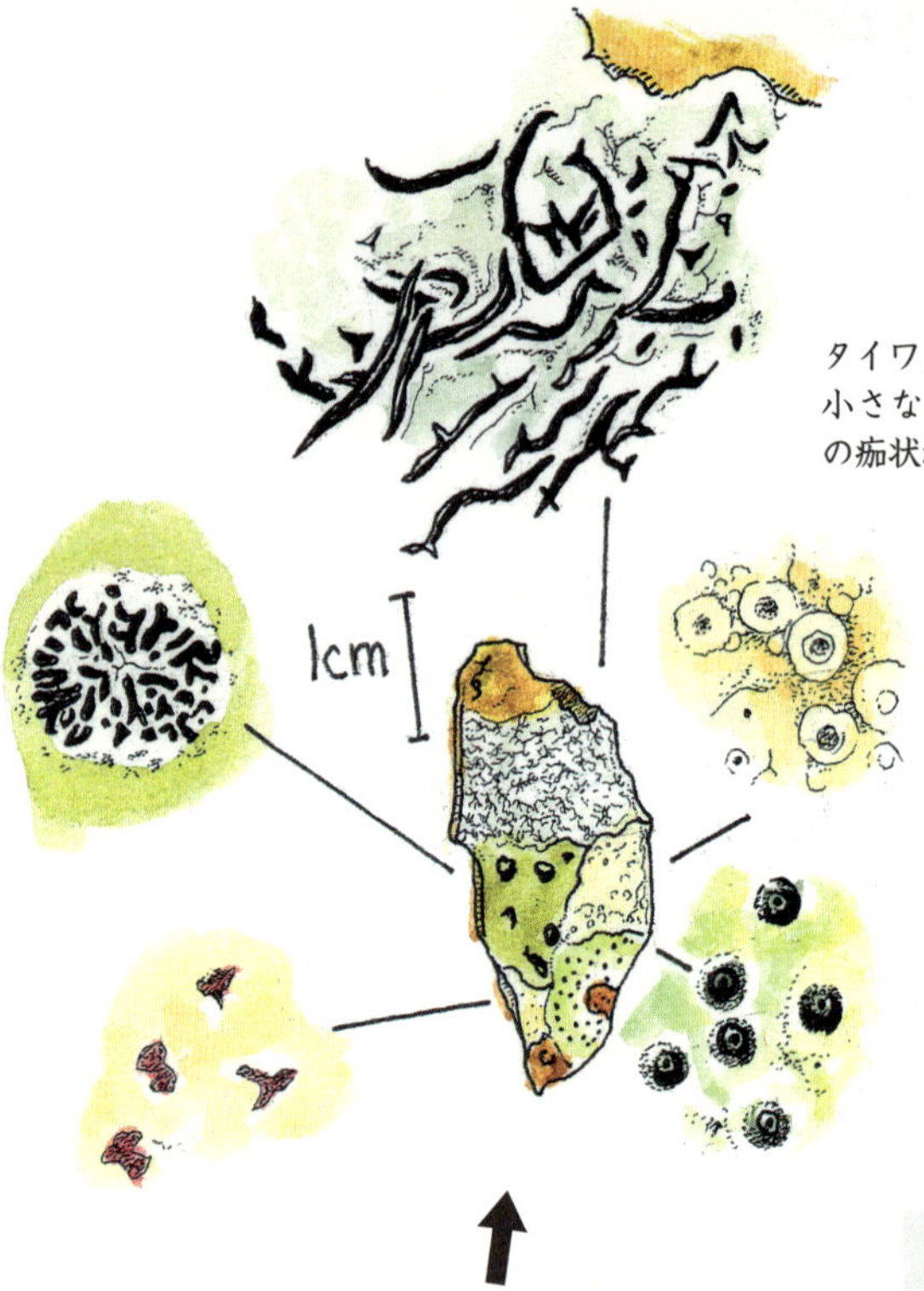

タイワンハンノキの樹皮の小さなカケラで、5種類もの痂状地衣が見られた
［沖縄］

木にかじりつく地衣屋

樹皮状にはさまざまな痂状地衣が着生する

樹木の種類によっても見られる痂状地衣は異なる

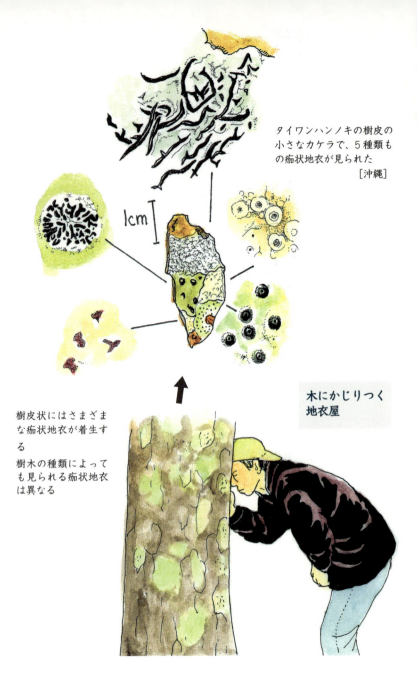

かり見せてもね」と、ヤマモト先生。

土手に生えている樹枝状の地衣の中でも目をひくのは、棒状の先端に赤い子器がつく地衣だ。アカミゴケの仲間である。京都の古刹などでは珍しくなく、古い檜皮葺《ひわだぶき》の屋根の上にアカミゴケが林立している様を見ることがある（ゼミ旅行で関西に行った折、金閣寺でそうした風景に出会った）。このアカミゴケ、今のところ、沖縄島では、この土手でしか見ていない。

「コアカミゴケモドキですが、これに混じってコアカミゴケも生えています」

ヤマモト先生の解説に、「ええっ？」。これって、二種類が混じって生えているの？

コアカミゴケはほぼストレートの棒状の体の先端に赤い子器がついているが、コアカミゴケモドキの方は、立ち上がった棒状の体に、不定形の鱗片状のびらびらがたくさんついている……という違いを説明されて、そう言われればと思う。

同じように、杯状の地衣体のヤグラゴケも生えているものの、杯の縁が細かく切れたようになっているのは別種のヒメヤグラゴケですと聞いて、また「ええっ？」。

似たような種類が、ほぼとなり合うように生えているというのが、なんだか不思議なのだ。

「利用している藻類は共通でしょう」とヤマモト先生。だから、一か所にあれこれ生えているんですと。

アカミゴケ類やヤグラゴケ類に加えて、同じく樹枝状地衣類のトゲシバリもとなり合って生えている。

こちらは細かく枝状に分岐した姿の地衣だ。

どうやら、藻類が存在するところに、地衣化できる菌がやってくると、藻類を取り込んで地衣ができあがるということらしい。この土手は、樹枝状地衣にとって共生相手が見つかりやすい場所ということか。

「キウメノキゴケは日本にもヨーロッパにもある地衣です。ところが日本とヨーロッパでは、共生藻が違っています。キウメノキゴケのように、コスモポリタンな地衣というのは、共生藻の好みが広いことの裏返しじゃないでしょうか」

ヤマモト先生は、そんなことも教えてくれる。キウメノキゴケはウメノキゴケに比べるとやや北方系の地衣で、九州でも山地でしか見つかっていない種類だという。そのため、コスモポリタン的な広がりを見せる地衣とはいうものの、沖縄にはおそらく分布はしていない。

森の広がる沖縄島北部、やんばるでは、ごく限られた場所ではあるけれど、葉状地衣も樹枝状地衣も見つかった。では沖縄島中南部はどうだろう。沖縄島中南部は北部と異なり、サンゴ礁を起源とした石灰岩地が広がっている。そのため地形は全体的に平坦で、古くから人々によって開拓されてきた地域だ。加えて戦禍を受けた歴史がある。全体的に人為の影響が強く、乾燥した土地だ。冬虫夏草などは、まず見つからない。しかし、そうした地域にも地衣はある。

沖縄島南部・南城市の公園で地衣類観察会。スギモト君をはじめ、沖縄の生き物屋の友人・知人たちが何人か観察会に参加した。

集合場所の公園の駐車場脇に、ちょっとだけ雑木が残された一角がある。

「んー、これは苦い」

雑木の中にニガキがある。その葉を一噛みしてスギモト君がそんなことを言う。「これはシンジュサンの餌だよね」……そんな一言も忘れない。虫屋のスギモト君にとって、植物は虫の餌として認識されているものだから。

そんなニガキの幹についていたのは、かなり盛り上がった黒い子器を持つ痂状地衣だ。やんばるの森では見かけなかったものだけれど、ヤマモト先生も、すぐには種類がわからないという。そのニガキの根元には石灰岩が露出している。よく見ると、石灰岩の表面には細かな黒い点が散在している。なんと、これも地衣の子器だ。ただし、種類が決められない。

「種類を決めるためには、胞子を見なくちゃいけないんですけど、子器が石灰岩の中に入り込んでいるので、切片を切れません。だから、何という地衣かわかりません」

そう、ヤマモト先生。痂状地衣は、持ち帰らなければ種類がわからないと先に書いたが、持ち帰ってもわからないものもある。特に沖縄の場合、これまで本土から報告がなかった種類が見つかることもしばしば。そうなると、東南アジアから報告されている種類と見比べてようやく種名が決定できる場合もある。さらにまだ研究者が少ないグループの場合だと、いかにヤマモト先生でも名前を調べるのをあきらめざるをえない場合もある。だから「持って帰るかどうか、悩ましい」と先生は口にしたりする。「持って帰っても名前がわからないものがたまってしまうと、ストレスもたまるから……」と。

「この仲間はわかりません」

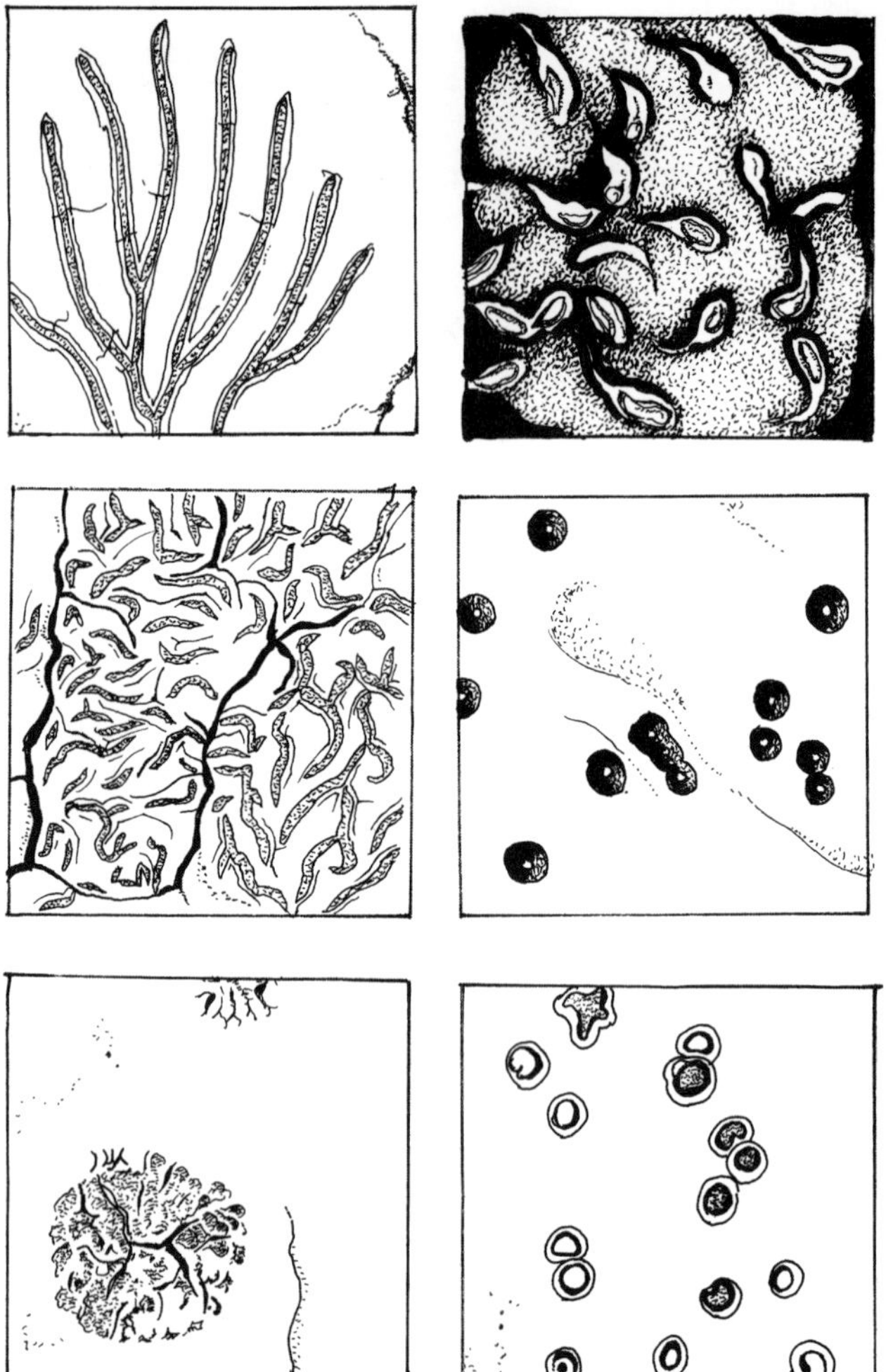

痂状地衣　種名が確定しなかったもの
都市部の公園の植栽林に着生［沖縄島　中部］

「持って帰ってもわからないと思います」

「これは見たことないから知りません」

観察会の中で、ヤマモト先生、ごくあっさりとこんなフレーズを口にする。観察会に参加していた爬虫類屋の友人は、「わからない種類があっさり出てくるのがすごい」とえらく感心していた。日本産の爬虫類で、図鑑に出てこない種類が野外でほいほい見つかるような状況はありえないわけだから。それに、生き物屋を何年もやっていると、専門分野の生き物に対して「わからない」とか言いにくくなるものだ。しかし、ヤマモト先生は、「知りません」「わかりません」と、ごく普通に口にする。これまた、先生にそう口にさせてしまう地衣がすごいのか、そんなふうに口にできる先生がすごいのか。

本土の地衣観察会の場合でも、種類を決められないものが出てくるが、沖縄の場合は、それが際立つ。沖縄島中部の公園に行ったときに、目についた十種ほどの痂状地衣を採集して先生のところへ送ったら、そのうち名前がついて返ってきたのは三分の一にも満たなかったというぐらい。

今度は雑木の中のホルトノキに目を向ける。するとニガキとはまた別の痂状地衣が生えている。まず目に入ったのは、マメゴケだ。マメゴケは特徴的な子器を持つ地衣であるし、本土で行われた観察会でも見たことがある。そのため僕でも識別可能な数少ない地衣の一つだ。ホルトノキの樹幹にはモジゴケ類も生えている。

「モジゴケの共生藻はスミレモなんです。スミレモ自体、南方系なので、モジゴケ類も南に多いんですよ」と、先生。

ギンネムも生えている。ギンネムは移入種で、その旺盛な繁殖力のため、嫌われることも多い雑木だ。そんなギンネムの樹幹にもちゃんと痂状地衣が生えている。地衣体の表面に白い点が散在する特徴のあるサネゴケの仲間だ。

公園の外に出る。車道脇の歩道沿いにはリュウキュウクロキが街路樹として植栽されている。その街路樹にも、もちろん地衣。多いのは沖縄島中南部でもよく見かける唯一の葉状地衣のコフキヂリナリア。そして痂状地衣のヨツゴスミイボゴケ。ヨツゴスミイボゴケは黒い子器をつけるスミイボゴケの仲間だ。ヤマモト先生の調査で、本土では珍しいが、沖縄島では普通に見られることがわかった種類である。

「ヂリナリア？　ヨツゴなんだっけ？　まるで呪文。全然聞き取れない」

この日初めて地衣類観察会に参加したコウモリ屋の友人は笑って言う。

「ヂリナリアは、爪でこすると地衣体が幹から剥がせますが、スミイボゴケの方は、剥がせないでしょう。剥がせる方が葉状で、剥がせないのが痂状です」

先生は、これまた観察会初参加者の虫屋の大学院生に、ていねいにそんな説明をしている。先生はいつだって、初心者にやさしい。できるだけ多くの人に、地衣類のことを知ってもらいたいと思っているからだ。

さらに見ていくと、リュウキュウクロキの幹には、オリーブトリハダゴケもついていた。その名のとおり、やや萌木色がかった痂状地衣だ。オリーブトリハダゴケは本土で見たことはあるけれど、沖縄にも生えていることを初めて知った。コチャシブゴケもある。中心部が黄土色の小型の子器をびっしりとつける痂状地衣で、これまた本土でも見たことのあるものだ。

こんなふうに、道路脇の街路樹でもあれこれ、地衣が見つかる。このあとさらに城跡公園にも足を向け、さまざまな地衣を見た。

「うーん、こんなにつまんない公園で盛り上がれるなんて」

観察会中、参加した生き物屋の友人の一人がうめいていた。

駐車場に広い芝生に遊具があって、周囲には森もない公園なんて、生き物屋的には普段、訪れようとは絶対に思わない場所だから。そんなところに、さまざまな地衣類が息づいている。

やっぱり、いつでも地衣・どこでも地衣だ。

地衣類を見る。

地衣類からも見えることがある。

地衣類から初めて気づくこともある。

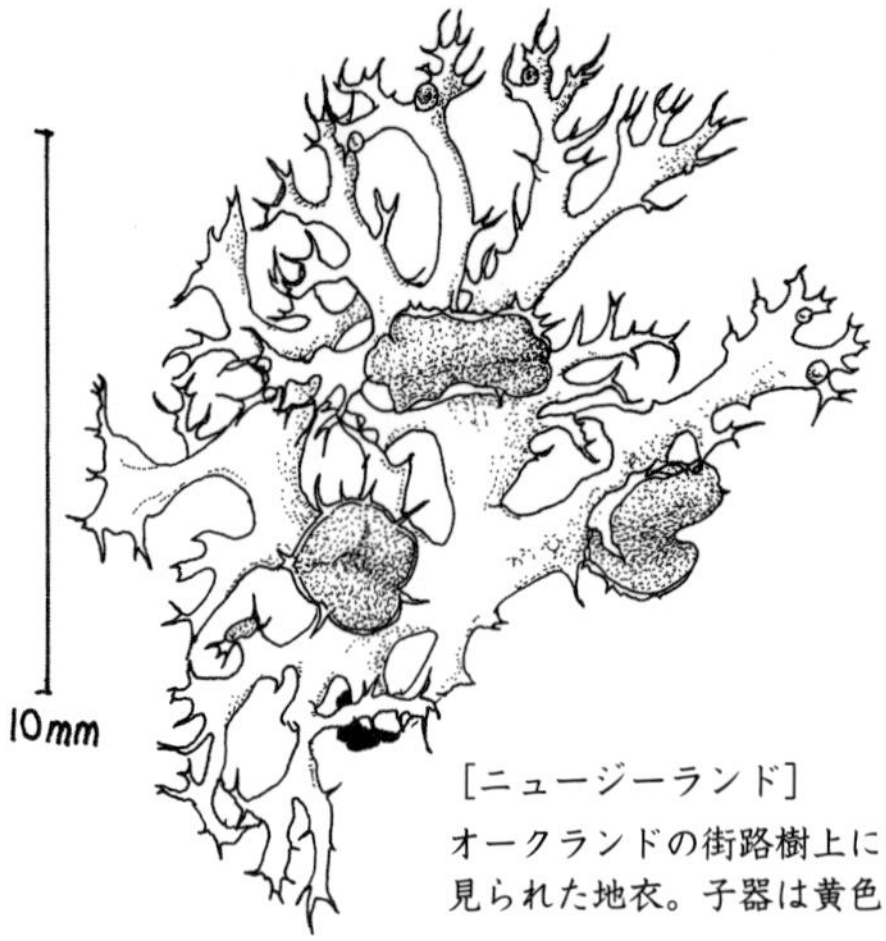

[ニュージーランド]
オークランドの街路樹上に
見られた地衣。子器は黄色

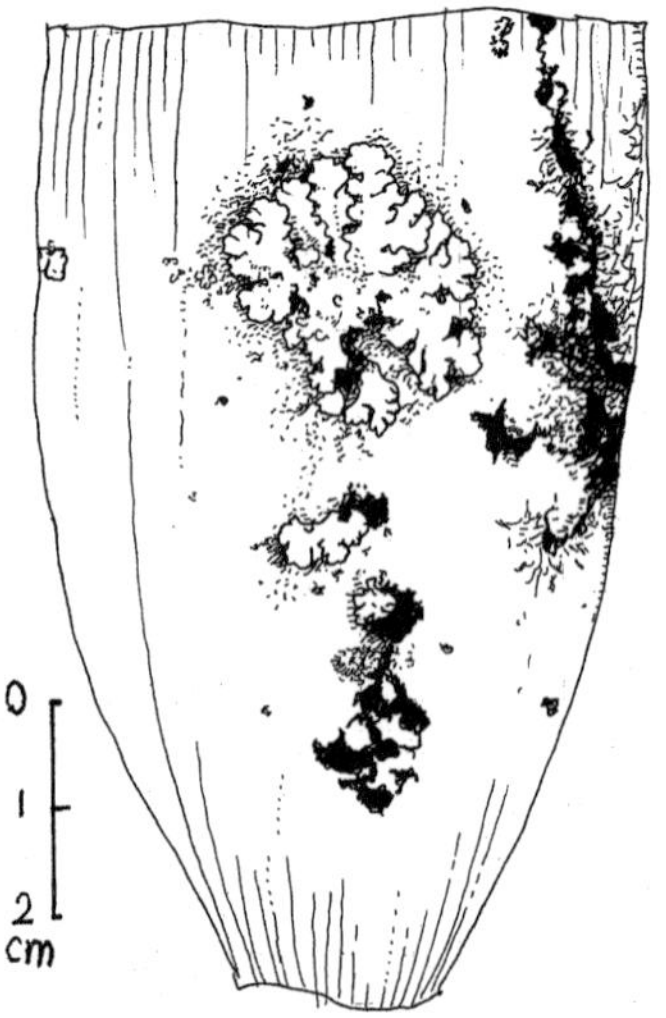

[ハワイ]
葉の上に着生したウメノキゴケ類

第四章　極北のサンゴ礁

◉ハワイと南極の地衣類

沖縄より、さらに南へ行ったらどうなるか。

ハワイに行く。

正直に言うと、ハワイではあれこれ見たいものがある。だからハワイに地衣類を見に行ったとは言いがたい。それでも、勝手に、地衣が目に飛び込んでくる。

印象的だったことの一つが、マウイ島を車で走っていたら、道路脇の木の葉の上に、ウメノキゴケの仲間と思われる地衣類が貼りついていたこと。日本でもツバキの葉の上にアオバゴケという葉上地衣がくっつくことがある。しかし、いわゆる普通の葉状地衣が、葉の上に着生していたのには、びっくりした。同じ木には、カワホリゴケの仲間のような膠質地衣の一種も着生していた。これはその場所の空中湿度がずいぶんと高いことと、その場所での葉状地衣の成長速度が速いことを意味している。

いくらなんでも、同じ葉っぱが何年も落ちずにいるとは思えないから。

もう一つ印象的だったのが、ハワイ島の友人宅の庭木に、あれこれ地衣類がついていたこと。なぜこれが印象的だったかといえば、この友人宅を以前も訪れたことがあるのだけれど、そのとき地衣類を見た記憶が全くなかったからだ。やっぱり地衣類は、気にしていなければ見えないし、気にすると見える存在だ。ハワイ島は風向きの関係から、東海岸は多雨で、西海岸は雨が少ない。雨の多い東海岸にある友人宅の庭には、じつにいろいろな地衣類が生えていた。痂状だけでなく、葉状や樹枝状の地衣もある。

もっとも、ハワイに生えている地衣類ともなると、名前はさっぱりわからない。

それでも、庭木に生えていた黄色い樹枝状の地衣がひときわ目をひいた。日本産のサルオガセの仲間を小ぶりにして、黄色く染めた感じだ。ところが、ヤマモト先生に会ったときに、この地衣の絵を見せたら、さすがで、即座に「ダイダイキノリです」と判定してくれた。そして「これ、ダイダイゴケ科の地衣です。ダイダイゴケには、樹枝状になる種類があるんですよ」と付け加えたので、またびっくり。ツブダイダイゴケを見慣れた身としては、樹枝状の地衣が痂状のツブダイダイゴケと同じ仲間とは思えない。葉状、樹枝状、痂状というのは、生活型と呼ばれるもので、系統とは別物だと一章で書いたけれど、本当にそうなんだということがよくわかった。グループを越えて似た形になるもの同士があるということだし、同じグループでも全く異なった姿をとるものがあるということだ。種子植物のなかでも、同じマメ科でもカラスノエンドウは草だし、フジはつるで、ネムノキは木である……

といったようなことがあるわけだけど、ツブダイダイゴケとダイダイキノリの違いは、なんだかもっとずっと大きな違いに思えてしまう。

もっと南へ？


もっとも、あんまり南へ下ってしまい南極まで行くと、南は南でも極寒の地になってしまう。

生き物屋は、大きく南方系と北方系に分けられる。大学時代からの友人ヤスダ君は、アラスカを歩き回り、今は長野に住んでいるという、北方系の生き物屋だ。かつて、アラスカを旅したときに、アラスカの「コケ」をお土産に持ち帰ってくれたこともある。もちろん、僕はいわずもながの南方系。だから、南極に行きたいとはつゆほども思わない。だって、南極には虫がいないし。

それでも、地衣類を追いかけはじめて、少しだけ南極に興味を持つ。地衣類なら、南極にも生えているというから。

すると、以心伝心なのか、奄美大島のマエダさんの伝手で、思いもかけぬものを見せてもらうことができた。それが南極の「コケ」だ。研究者が採集した、南極の蘚苔類と地衣類の標本である。

まずはコケの標本を見る。いずれも茶色く変色した塊だ。昭和基地の周辺には八種類のコケが生えているそう。キョクチハリガネゴケ、オオハリガネゴケ、ハリギボウシゴケといった南極ならではのコケに混じって、日本でも見られるコケがある。それがヤノウエノアカゴケとギンゴケだ。

ギンゴケは街中から南極まで見られるということは本で読んで知っていたし、一章に書いた大分の

世界各地の地衣類

［ハワイ］
サルオガセの仲間

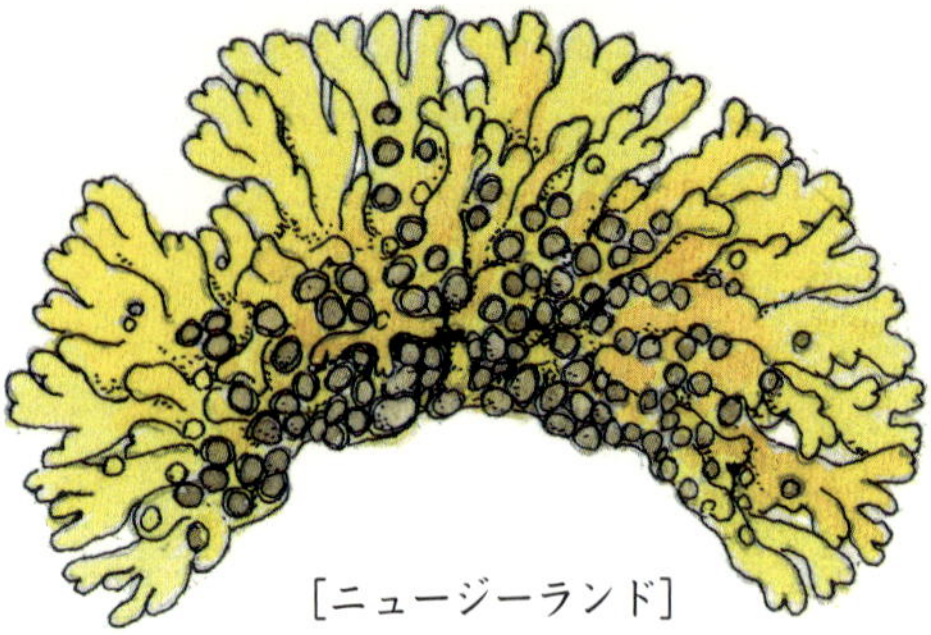

［ニュージーランド］

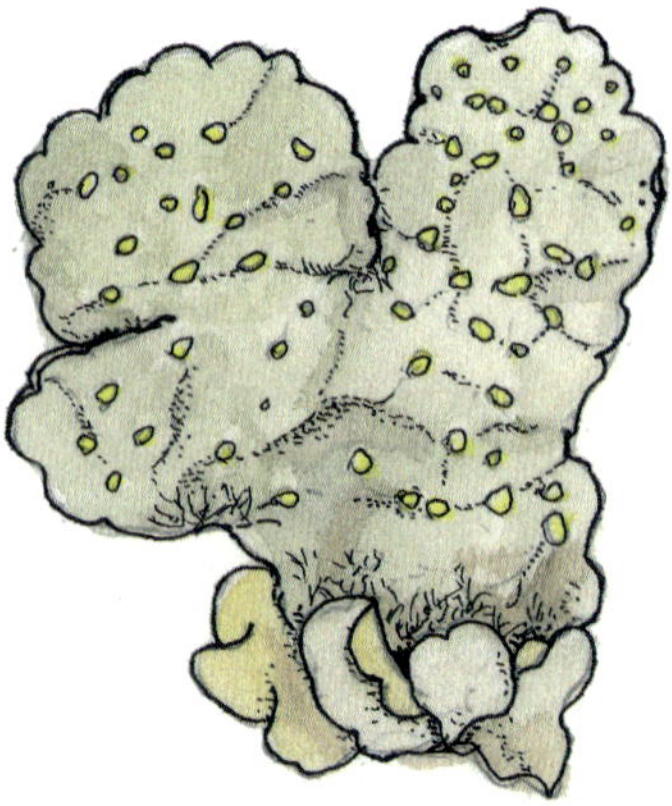

［ハワイ］

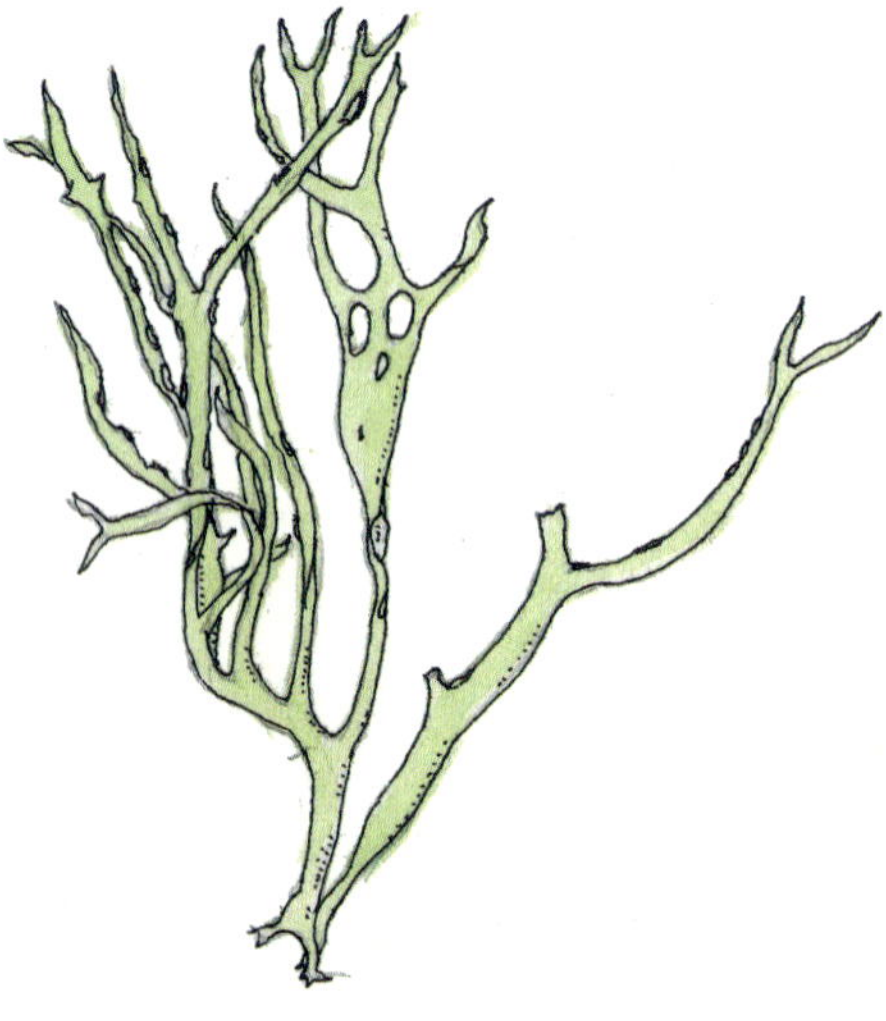

［グアム］
カラタチゴケの仲間
グアムではホテルの庭の樹木に多数のカラタチゴケが着生していた

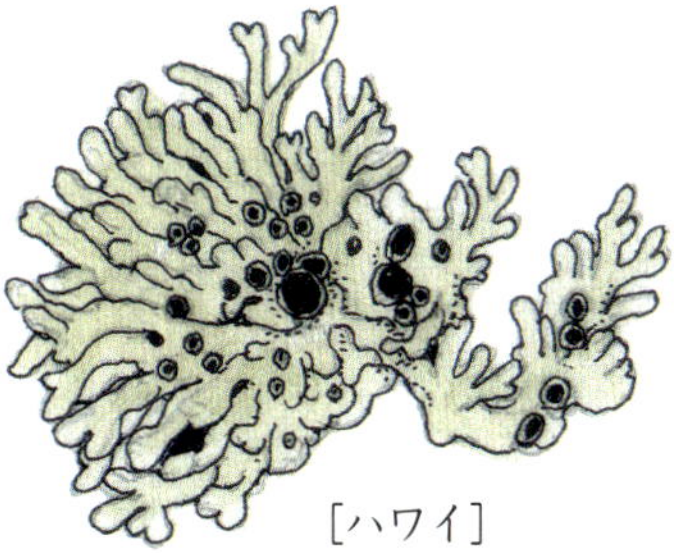

[ハワイ]

[ハワイ]

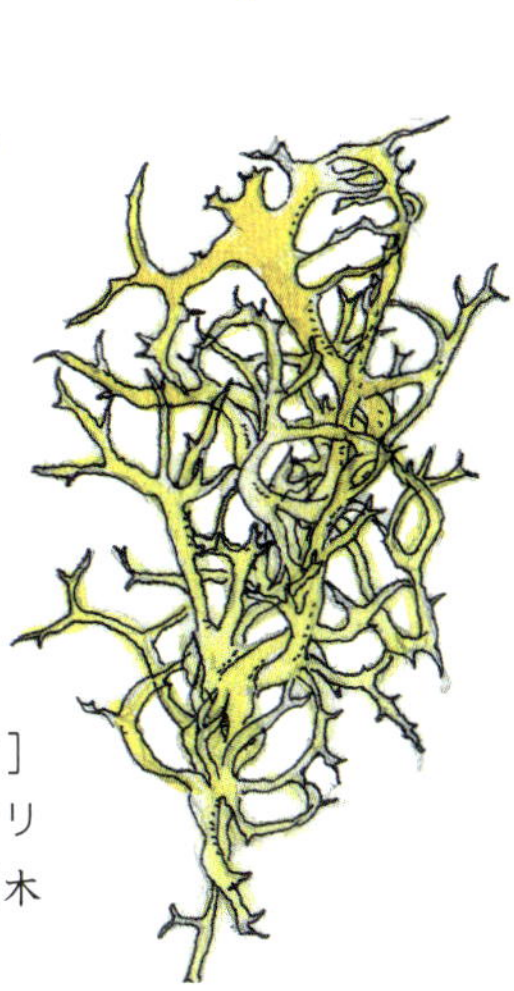

[ハワイ]
ダイダイキノリ
知人宅の庭の樹木
に着生していた

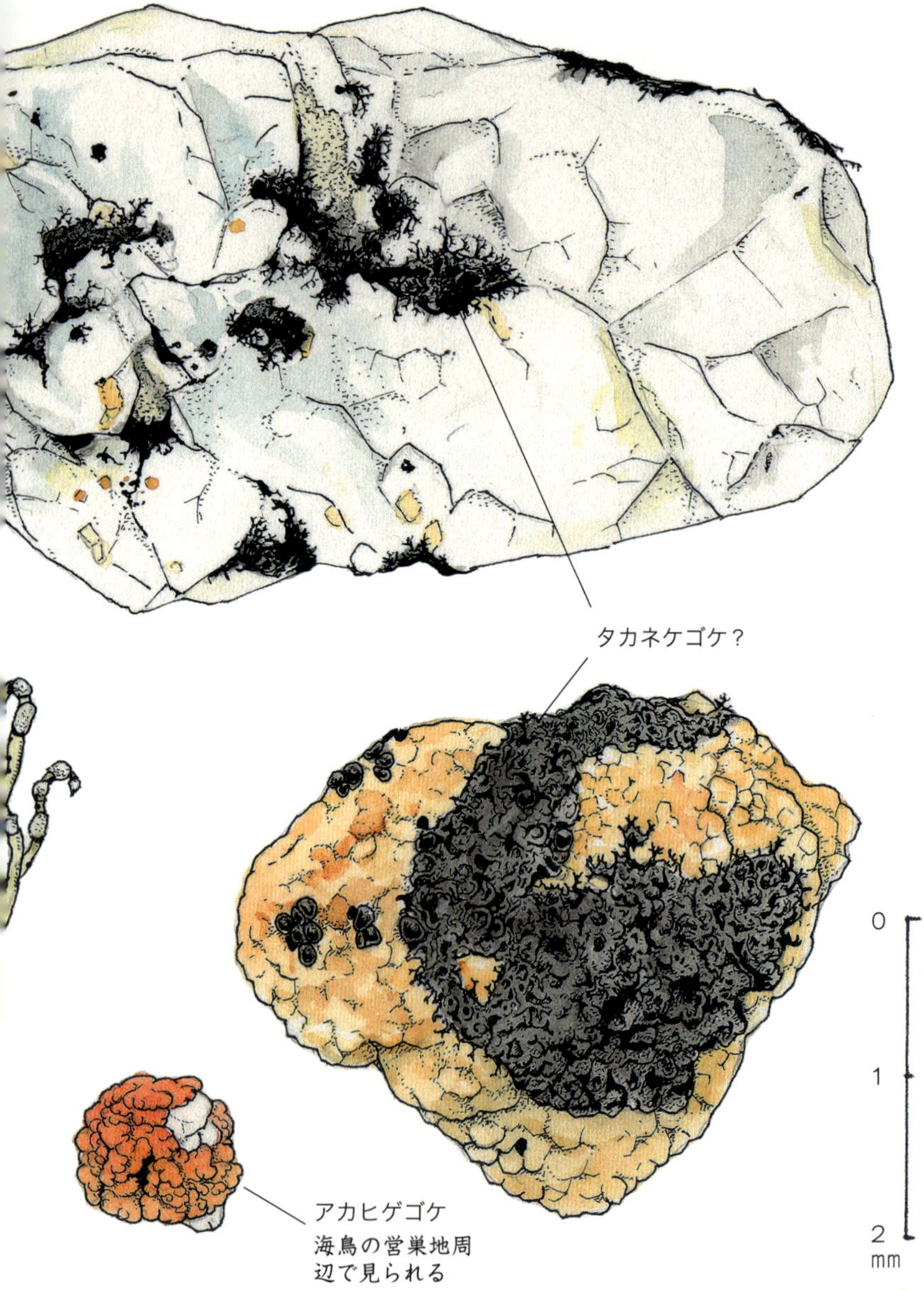
タカネケゴケ？
アカヒゲゴケ
海鳥の営巣地周
辺で見られる
0
1
2
mm

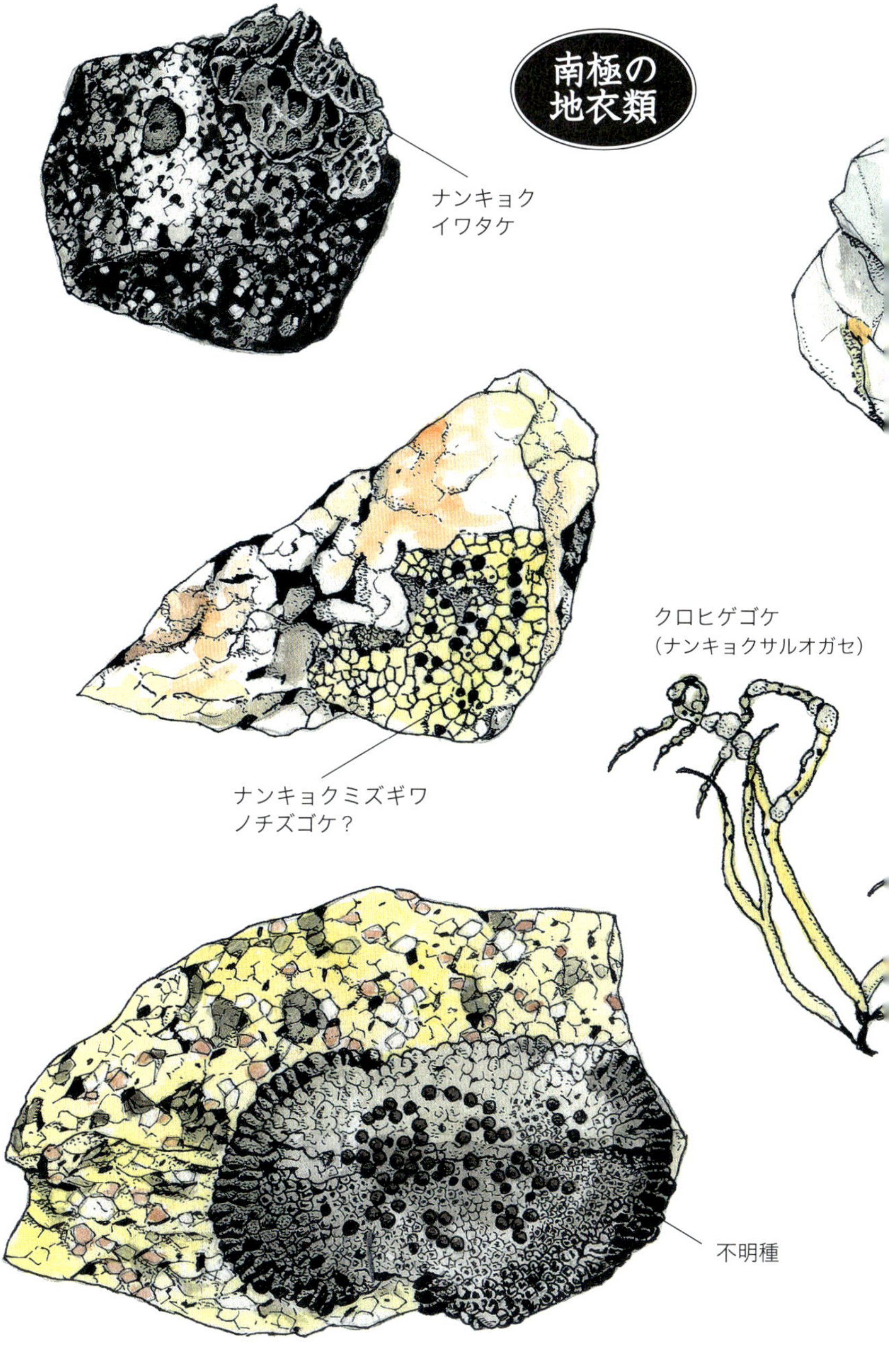
南極の地衣類
ナンキョク
イワタケ
クロヒゲゴケ
（ナンキョクサルオガセ）
ナンキョクミズギワ
ノチズゴケ？
不明種

観察会でもその話を紹介したりしたけれど、ついに本物の南極のギンゴケを見ることができた。ギンゴケは、白っぽい色をしたコケだ。拡大して見てみると先端部の葉の細胞が透明になっていて、その部分が肉眼だと白く見える。確かに南極のギンゴケも、同じように先端部の葉の細胞に透明部分がある。インターネットで国立極地研究所のホームページを開くと、南極のコケや地衣についての解説を見ることができる。ギンゴケは「南極では雪鳥やペンギンルッカリーのある富栄養なところに多く、しばしば地衣類を伴った小群落を作るが、むしろ発見はまれである」と書いてある。そうなんだ。ルッカリーというのは、営巣地のこと。ペンギンが糞をするので、栄養分の豊富なところだ。南極のギンゴケは、そうした特殊な場所にだけ生えるものらしい。代わりにこれまた日本でも見られるヤノウエノアカゴケの方は「昭和基地周辺に最も優先する種の一つ」と書かれている。

それでは、南極の地衣類はどうだろう。極地研の「南極昭和基地周辺の地衣類」というページを見ると、昭和基地周辺ではコケが八種類採集されたのに対し、地衣類は六〇種も採集されたとある。どこでも地衣とは言ったものの、南極にそれほど地衣類があるとは知らなかった。

極地研のページで紹介されている写真や文章をもとに、手元の地衣類の名前を調べてみる。まず名前がわかったのは、もじゃもじゃの毛の塊のように見えるクロヒゲゴケ（ナンキョクサルオガセの別名もある）だ。『地衣類のふしぎ』には、クロヒゲゴケは南極探検隊の中では「陰毛ゴケ」のあだ名で呼ばれていたという、地衣屋的にはちょっと悲しいエピソードが紹介されている。だがこの地衣は、拡大して見れば、なかなかカッコイイ地衣だと僕は言いたい。

クロヒゲゴケ
［南極］

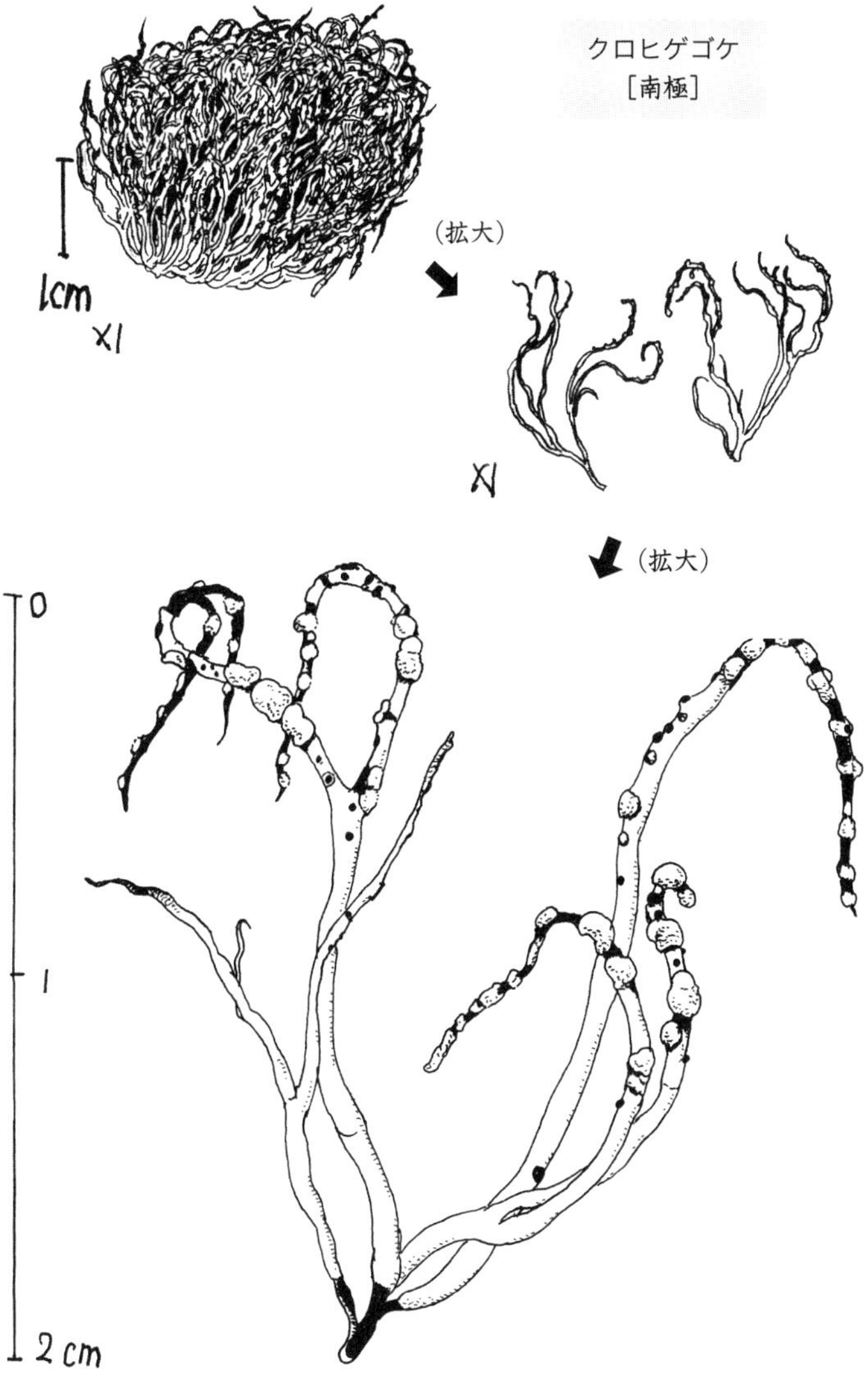

僕が見ることのできた南極産の地衣類の標本の中には、ナンキョクイワタケや痂状地衣のナンキョクミズギワノチズゴケと思えるものも含まれていた。なかでもひどく目をひいたのが、あざやかな橙色の地衣。どうやらアカヒゲゴケという種類らしい。オオロウソクゴケと呼ばれる地衣の仲間（都市部でも見かける地衣ロウソクゴケとはグループが異なる）だ。三羽鳥の一つ、この地衣は先のギンゴケ同様、海鳥の営巣地周辺の栄養分の多い場所の岩上に生育するという。

地衣類を見にならば、南極に行ってもいいかも。ちょっとだけ、そう思う。でも、数日で音を上げそうだな。

◉地衣を求めてフィンランド行

そんな僕が、フィンランドに行きたいなどと思い出す。北欧である。南極とまでは言わないまでも、思いっきり北方系の場所だ。

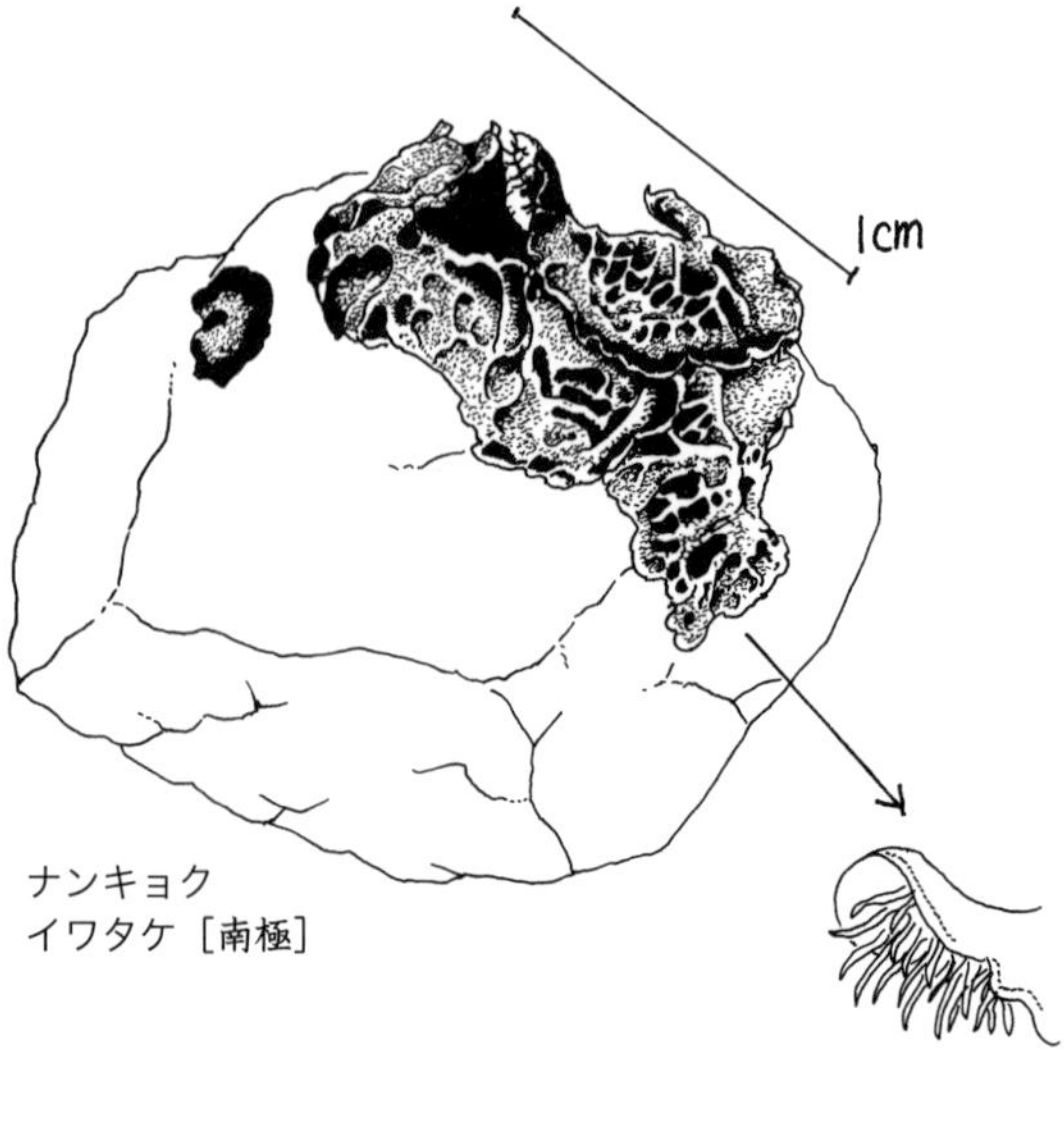

ナンキョク
イワタケ［南極］

だから、自分でも驚く。それまで、死ぬまでに行ってみたい場所のリストに、フィンランドは入っていなかった。それが、フィンランドの中のさらに北地のラップランドに行ってみたいなぞと思いだす。地衣類の優勢なところだからだ。

背が低く、成長も遅い地衣類は木や草との競争に勝つすべもない。そのため、木や草の生えない場所に生活場所を見出している。樹幹や岩の上。そして、極地だ。極点まで行ってしまうと、地衣類にとっても生育環境はあまりに厳しいが、その手前、ツンドラと呼ばれる大地には地衣類が主体の生態系が作られている。

そんな、一面に地衣類の広がる大地とは、どんなところなのだろうか。

「地衣類のことを、〝ルーペで見るサンゴ礁〟とよく言っているんですよ」

ヤマモト先生はそんなことを言う。

サンゴ礁を形成する、造礁《ぞうしょう》サンゴは体内に褐虫藻《かっちゅうそう》を共生させ、藻類の光合成産物の一部をもらうことで生きている。造礁サンゴは動物であるけれど、生き方の仕組みとしては、地衣類と同じだ。たとえば沖縄近海にはサンゴ礁が発達し、色とりどりの熱帯魚が見られる。しかし、豊かなサンゴ礁が見られる海は、本来は貧栄養の海なのだ。海の真ん中にある島には、陸地から流れ出す栄養分が少ない。そのため、そうした栄養を得て生育するプランクトンも少なくなる。だからこそ、南島の海は水が透明なのだ。そして、透明度の高い海は水中まで光を透過させる。そんな条件を活用したのが、藻類を共生させるという生き方をあみだした造礁サンゴだ。その造礁サンゴが発達しているから、今度はそれを餌や住処とするさまざまな生き物たちが棲みつけるようになる。

これと同じで、草木の茂らぬ極北の台地に降り注ぐ太陽光を受け取り一面に茂る地衣類は、いわば、極北のサンゴ礁だ。そのサンゴ礁の恵みを得て暮らしているのがトナカイである。

そんな極北のサンゴ礁をめざして、八月下旬、フィンランドへ。

日本からヘルシンキまでは直行便で十時間弱。時差は六時間。

「スギ?」

空港から市内に向かうバスの中で、窓の外にそそり立つ針葉樹を見てかみさんがそう聞いてくる。スギは日本固有種だ。車外に見えているのはドイツトウヒだろう。ヘルシンキ中央駅付近でバスを降りたのは現地時間の夕方四時過ぎ。気温は二三度と、北欧というイメージとは裏腹に、案外暖かい。駅前には屋台が並んでいる。売られているのは各種ベリー類とアンズタケという黄色いキノコ。アンズタケはヨーロッパで人気のキノコだと聞いていたが、本当だった。加えて、なぜか莢ごとのえんどう豆。しかも見ていると、このえんどう豆、生のまま中のマメを食べるようだ(生のままだと、あんまりおいしくなかった)。

路面電車も走るヘルシンキの街はとても趣がある。街路樹のセイヨウボダイジュや種類のわからない大型の翼果《よくか》をつけるカエデの仲間は、まだ紅葉していない。公園にリンゴの木がたくさん植えられているのが、沖縄からやってくると北国を思わせる風情だ。しかし、初めての街のこと。バスを降りて、この日の宿を探してうろうろしていたら、案外時間がかかってしまった。宿として、ネットでアパートの一室貸しのようなところを見つけて申し込んだのだが、鍵を受け渡すオフィスについたのが、五時五分過ぎ。ヨーロッパのこととて、オフィスはしっかり施錠されてしまっている。

このまま路頭に迷うか……と思ったのだが、幸いオフィスの中で残業をしている女性がいて、窓の外から身振りでアピールをしたら、なんとか部屋の鍵だけは受け渡してくれた。ただし、書類へのサインもあるので翌日十時に改めて来い……とのこと。やれやれ。

子どもたちも一緒だったので、翌日は一日、ヘルシンキでゆっくり過ごす。部屋貸しのオフィスが開く十時までは行動できないので、その時間からでも行けるところと、スオメンリンナ島に観光に出かけることにした。ヘルシンキは海に面した街である。中央駅に面した公園にも、たくさんのカモメが舞っているし、駅から歩いて十分少しでスオメンリンナ島行きの港に着くことができる。

島行きのフェリー乗り場でまた、まごついてしまう。チケット売り場に誰もいないのだ。代わりに自動販売機でということらしいのだが、勝手がわからない。ともあれ、なんとかチケットを買ってフェリーに乗り込めたのだけれど、驚いたのは乗船時にチケットを全くチェックしないこと。これでは無賃乗船も可能ではないのだろうか（電車に乗ったときも同様で、チケットを買ったものの、改札がない。不思議）。公共マナーということで、みんなが守っているのが前提ということなのかなとも思うけれど。

海はびっくりするほど穏やかだ。ヘルシンキは海に面していると書いたが、この海というのは、はるかデンマークで北海に開口している巨大な入り江のような海であるバルト海の、さらにどんづまりにあるフィンランド湾のことだ。よく、「鏡のような」という比喩が使われるが、ここまで鏡のような海は初めて見た。湾内には、ところどころに島が浮かんでいる。これまたびっくりなのは、直径にして二〇メートルほど、高さもせいぜい数メートルという、ほとんど水面上のでっぱりみたいな小島に、ちょこんと一軒家が建っていたりすること。つまり、潮の満ち引きもあんまりないし、暴風による高波もこないらしい。そんな小さな家を載せた小島が浮かぶ海をフェリーは進む。

スオメンリンナは一つの島ではなく、小さな四つの島からなっている（島々は橋でつながっている）。フィンランドの海上防衛のための要塞が設けられていた島で、古い要塞跡が世界遺産に指定されている。フィンランドへ行くにあたり、ヘルシンキ近辺で歩き回るとしたらどこがいいだろうと、ガイドをめくっていて、僕はスオメンリンナに目をつけた。古い要塞跡＝石垣＝地衣類という図式だ。

船は僕らの他に、中国の人々の集団、それに地元フィンランドの人と思われる観光客でいっぱいだ。地元の人にとっても、手近な観光スポットなのだろう。港に降りると、他の一団が進む方向を見極め、それとは全く別の道を歩き出すことにする。

橋を渡って小さな島へ。古い石垣（要塞の跡だろう）に囲まれた建物がある。道沿いには草むらがあるし、海岸沿いには、ちょっとした林がある。林の中の低木が赤い実をつけている。セイヨウニワトコとセイヨウナナカマドだ。海岸に降りると、見慣れた低木が実と花をつけている。こちらは北海道の海岸でお馴染みのハマナスだ。

初めてのヨーロッパ。やはり地衣類ばかりとはいかない。ついつい、あれもこれもと目がいってしまう。

道端の雑草を見て、「おおっ」と思ったのは、ゴボウが生えていること。ゴボウは日本的な野菜と思われがちだが、もともとは大陸原産だ。ただし、ここでは全くの雑草となっている。それが朝鮮半島や日本に渡ってきて、かの地で野菜へと改良された。そんなゴボウのもともとの姿を初めて見た。嬉しくて何枚も写真を撮ってしまう。見渡すと、ほかの草々も、どこか見慣れたものばかり。カミツレ、ヤナギラン、ウツボグサ、オドリコソウの仲間、マンテマの仲間、ウンランの仲間、などなど。日本で見られるものと同じ種類と思えるものがある。そうでなくとも、何の仲間か容易に想像がつくものばかり。僕は野菜や雑草に興味があるから、こうしたものが目にとまってしまう。

僕はしばらく、シダに夢中だった時期がある。だから、シダも気になる。シダは南方系の植物だから、北欧にはそうない。それでも岩場には肉厚の葉を持つシダがある。なかなかかっこいい、このシダはエゾデンダという日本では北方の限られた場所でしか見られない種類だ（ヨーロッパ産と日本産は種が違うという考えもある）。

僕は虫も好きだ。特に気になるのがテントウムシ。夏の終わりだったけれど、テントウムシは身近なところでも普通に見かける虫なので、なんとか姿を見ることができた。目に入ったのはナナホシテントウである。これまた、以前からヨーロッパのナナホシテントウを見てみたかったので嬉しくなる。ヨーロッパのナナホシテントウは、日本産のものに比べ、背中の黒い星がずっと小さいのが特徴だ（逆に世界基準からすると、日本産のナナホシテントウの黒い星は妙にでかいということになる）。

以前、ナメクジを追いかけていたこともある。実は、ヨーロッパはナメクジ類が日本よりも多様だ（ナメクジに夢中だったときは、ナメクジを見に、ヨーロッパに行きたいと思っていたのだが、実現しなかった）。海岸近くの石がごろごろしているところで、石めくり。いたいた。石の下に丸まっているナメクジが見つかる。どうやら日本でも見かけるチャコウラナメクジに近い種類のよう。ナメクジと近い、カタツムリも探してみるが、スオメンリンナではオカモノアラガイみたいなものを一匹見かけたのと、ごく小さなカタツムリをこれまた一匹見ただけで、全体的にナメクジもカタツムリも、そういない。

あれこれ脱線。

肝心の地衣類を見る。波打ち際すれすれの岩場にも、地衣がある。事前に予想したように、要塞の石垣にも地衣がある。一番、「これ」と思ったのが、まっ黄色の葉状地衣。これは岩の上にも、木の枝にもついていた。とにかく鮮やかな黄色だ。日本の都市部で見るロウソクゴケも似たような色をしているが、それより葉状体がずっと大きい。この地衣はオオロウソクゴケの一種だ（和名はない）。場所によっては、何重にもリングが重なった姿も見られた。やんばるのウタキで見たウメノキゴケ同様、ずいぶんと時間が経っている証拠である。鮮やかな黄色のリングが重なっているのを見たら、ロールケーキの断面を連想してしまった。

この地衣の色はロウソクゴケに似ているが、オオロウソクゴケは調べてみるとダイダイゴケ目ダイダイゴケ科に属している地衣類で、ロウソクゴケはロウソクゴケ目ロウソクゴケ科の地衣とある。目が違うというのは、昆虫でいうなら、カブトムシ（甲虫目）とチョウ（チョウ目）の違いといったことになる。グループとしては、かなり違ったもの同士なのだ。そして、ダイダイゴケ科には、ツブダイダイゴケのような痂状地衣、ダイダイキノリのような樹枝状地衣に加え、オオロウソクゴケのような葉状地衣も揃っているのだということを知る。ダイダイゴケというと、どうしてもツブダイダイゴケといった、痂状の地衣を連想してしまうのだけれども。

スオメンリンナは、手近な観光スポットながら、ヨーロッパの人々にとっての身近な自然とはどのようなものなのかを見てとるいいフィールドだ。満足して、ヘルシンキに戻る。

◉トナカイの地、ラップランド

ヘルシンキよりさらに北、ラップランドをめざす。

ラップランドへは、ヘルシンキから一日一便。ラップランドの入り口となっているイバロまで、国内線で一時間半飛ぶ必要がある。ところが、空港に行ってみると、出発遅延。三時間ほども空港内で待たされる。

「珍しいわね。こんなところで日本人に会うなんて」

なんとかイバロ空港に到着し、荷物を受け取ろうと待っているときに、そんなふうに声をかけられた。声をかけてくれた女性は、北欧に住んでもう十年以上になるという。合唱団に所属していて、ラップランドでの公演に合わせて、ほかの団員ともどもイバロにやってきたとのこと。確かに、僕の家族以外、周囲を見渡しても日本人は見当たらない。

レンタカーを借りるのに、また、時間がかかる。カードしか受け付けないというけれど、普段、カー

フィンランドの森
［ラップランド］

フィンランドの地衣類

センニンゴケ

エイランタイ

かつてアイスランドでは食用とされた。また薬としても利用された

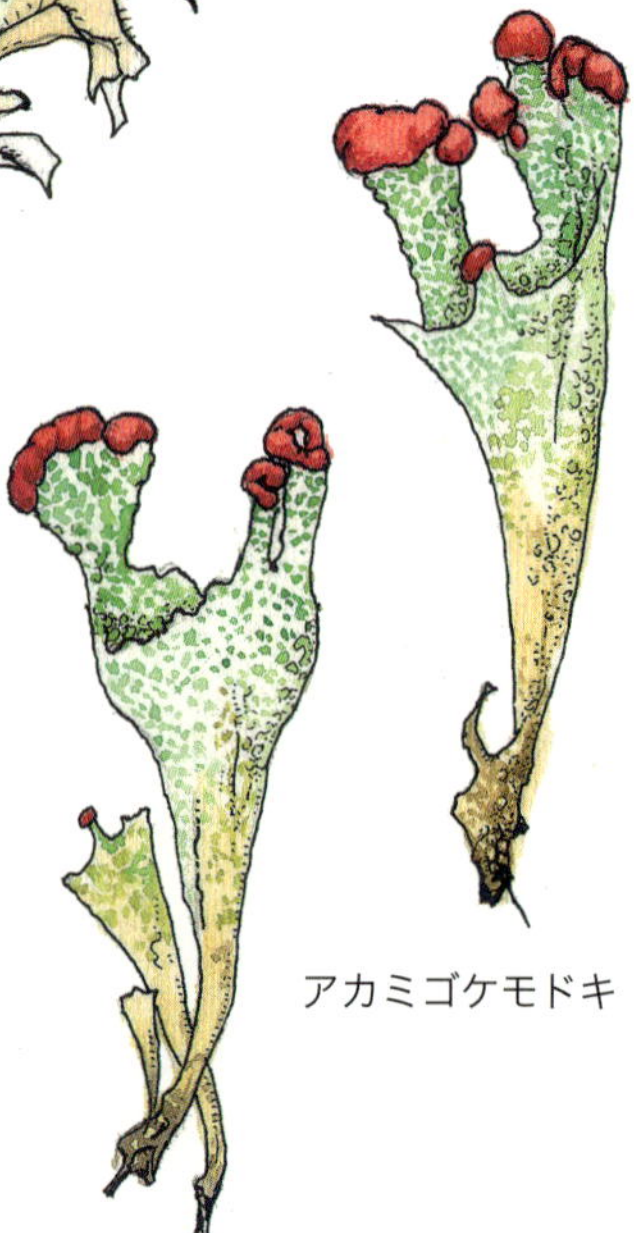

アカミゴケモドキ

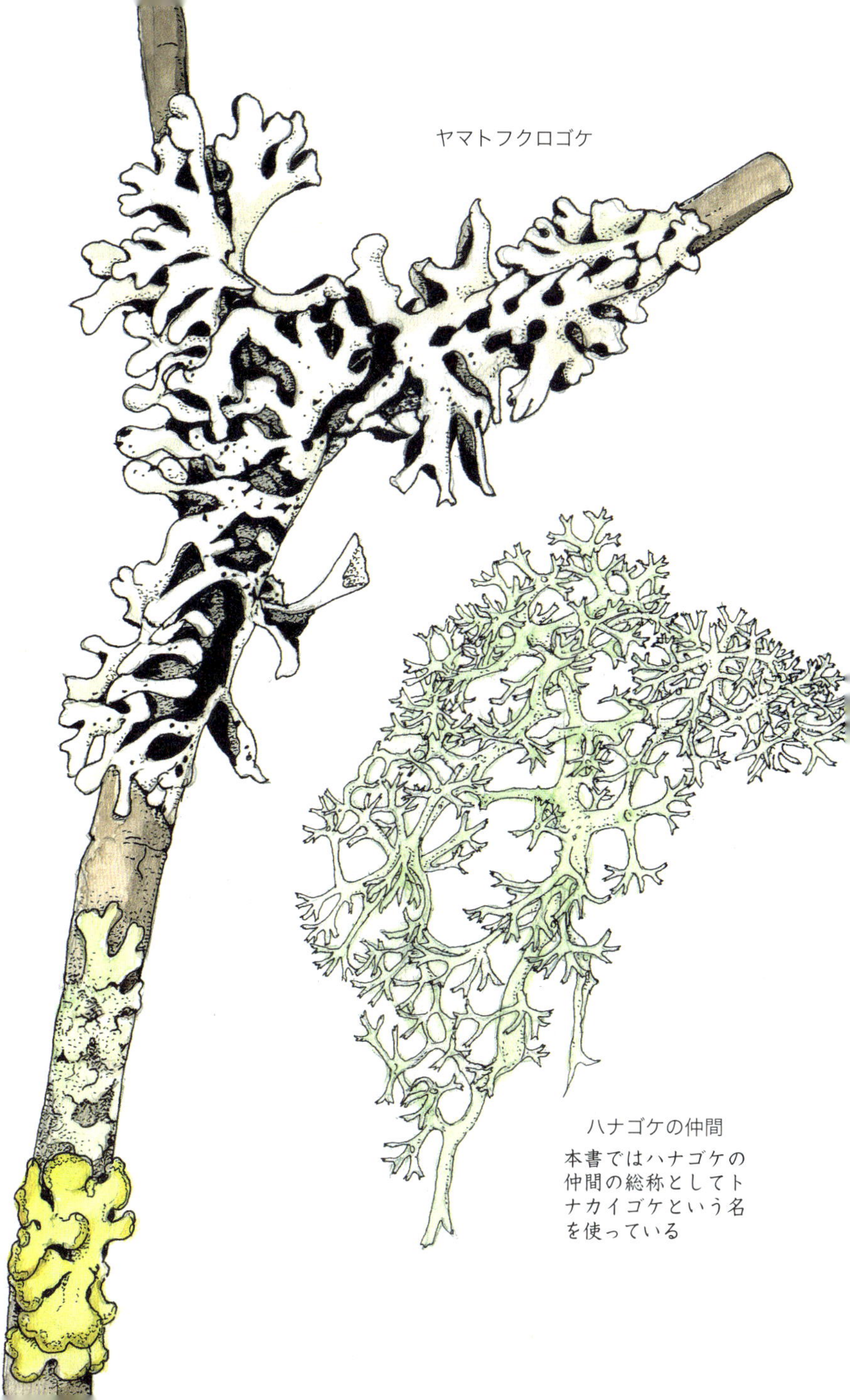

ヤマトフクロゴケ

ハナゴケの仲間

本書ではハナゴケの
仲間の総称としてト
ナカイゴケという名
を使っている

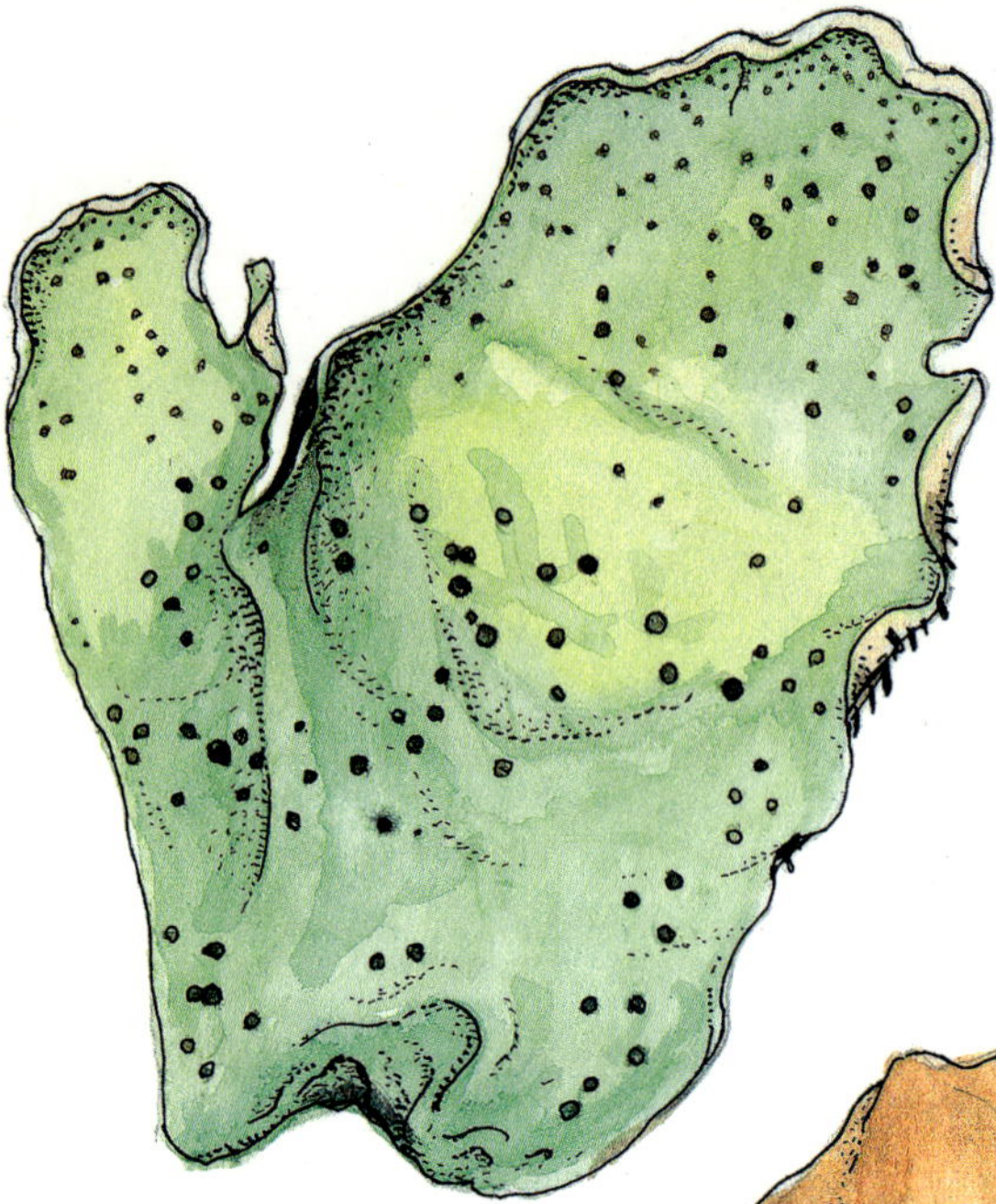

ヒロハツメゴケ

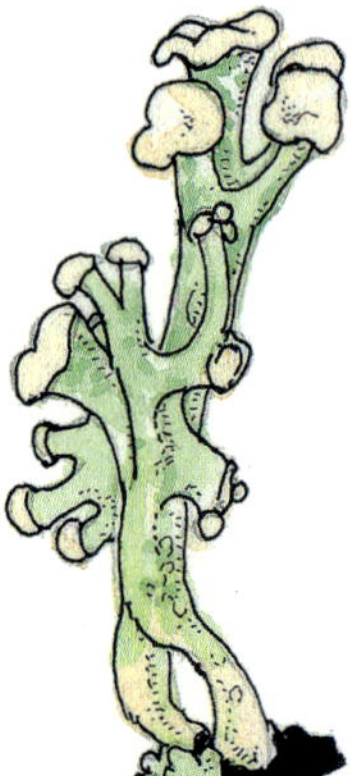

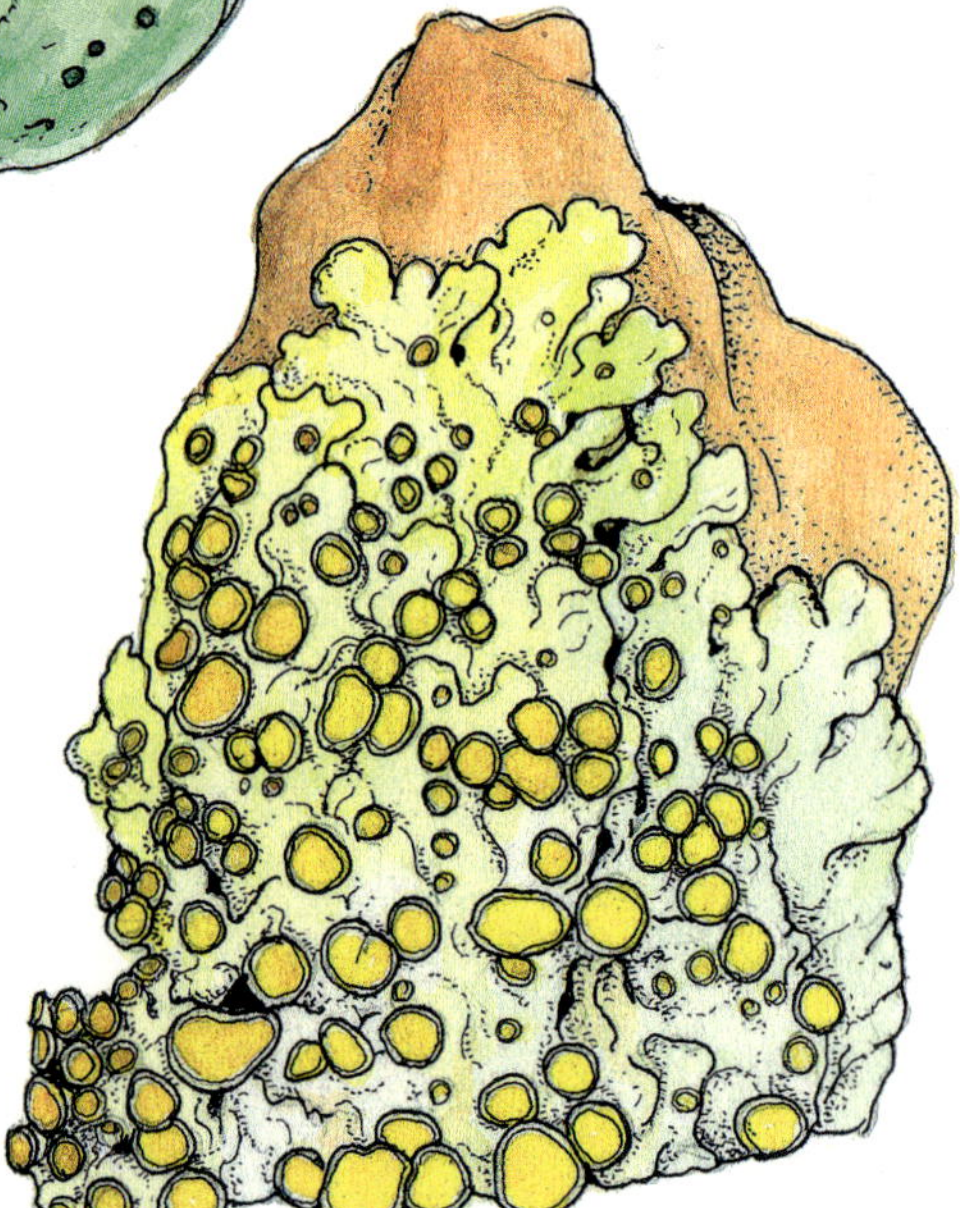

オオロウソクゴケの一種
Xanthoria parietina

フィンランドの地衣類

まだ名前を調べられていない
いろいろな地衣

ドなんて使ったことがない。暗証番号って何番だっけ？

どうにかこうにか、車は借りられた。なにせ一日一便だから、すでに空港内はがらんとしている。

では、宿はどこ？

ネットでロッジを予約したのだけれど、簡単な地図しかない。空港からは高速道路がロッジのある方向へと向かっている（中央分離帯も何もない、対面の道路だ）。高速を飛ばしながら、車窓からフィンランド語で書かれた地名表示を見てロッジの場所を探す必要がある。見事に行きすぎ。行きすぎに気づいて戻ったものの、今度は脇道の中で迷子。道を聞こうと立ち寄った店が、ロッジの受付だった。

まっすぐにたどり着けば、イバロ空港から車で十五分ほどのところにあるロッジは、森に囲まれていた。飛行機の出発が遅れたため、ロッジに着いたのはもう夜の八時近い。八月も下旬なので、白夜はとうに終わっているが、それでもまだ十分に明るく、ロッジ周辺の森を散策できるほど。驚くのは、植生の単純さだ。ヘルシンキあたりだと、まだドイツトウヒもあるし、セイヨウニワトコやセイヨウナナカマド、ドングリをつけたヨーロッパナラなどの姿も見えた。ところがロッジあたりの林は、いくら見て回っても、ヨーロッパアカマツとシラカバの二種類の木しか見当たらない。ただ、木々の下には、草のように背が低くなった木が生えている。赤い実をつけたコケモモや、ブルーベリーなどのベリー類だ。そうしたベリー類に混じって、キノコがあちこち、頭をもたげている。

木の種類が単純なわりには、キノコにはあれこれ種類がある。イグチの仲間が数も種類も多く、ほかにベニテングタケやホコリタケの仲間などの姿も見える。イグチというのは、傘の裏がヒダではなくて、スポンジ状になっているキノコの仲間だ。日本でも、カラマツ林に出るジコボウなどとも呼ばれるアミタケを食用に利用するし、ヨーロッパではヤマドリタケがよく食卓に供される（日本でも輸入された乾燥品を見ることがある）。ヘルシンキの街中の屋台でも、アンズタケに混じってヤマドリタケが売られていたので、一パック買って食べてみた（八ユーログらい）。虫食い部分をそぎ落とし、ジャガイモ、玉ねぎ、ソーセージとスープにしたら、大変おいしかった。ただ、イグチは種類が多いので、ラップランド滞在中に、野外で見つけたものを調理する勇気はなかった。

また、樹枝状地衣や、葉状地衣が樹幹だけでなく、地上にも生えている。地上に生えている葉状地衣は、ゼニゴケのような姿をしたツメゴケの仲間だ。木の枝に生えている地衣で目立つのは、白っぽい葉状地衣で、裏面が黒いもの。白と黒とのコントラストがきまっていて、かなり、かっこいい。

朝、四時半過ぎから明るくなる。子どもたちが目を覚ます前に森を歩きキノコをつんできて、ロッジの玄関脇に置かれた椅子に腰かけ、スケッチをする。さすがにヘルシンキに比べるとずいぶんと寒さを感じる。

朝食後、まずは高速道路を北へ。あいにくの雨模様。道沿いには、ときおり湖が姿を見せる。雨の切れ間をぬって、湖畔に車を止めて歩いてみた。

「フンがあるよ」

かみさんが、そう声を上げた。僕のかみさんは生き物屋ではなく、「普通」の人だ。それでも、僕がどんなものを見たがっているかについては理解がある。

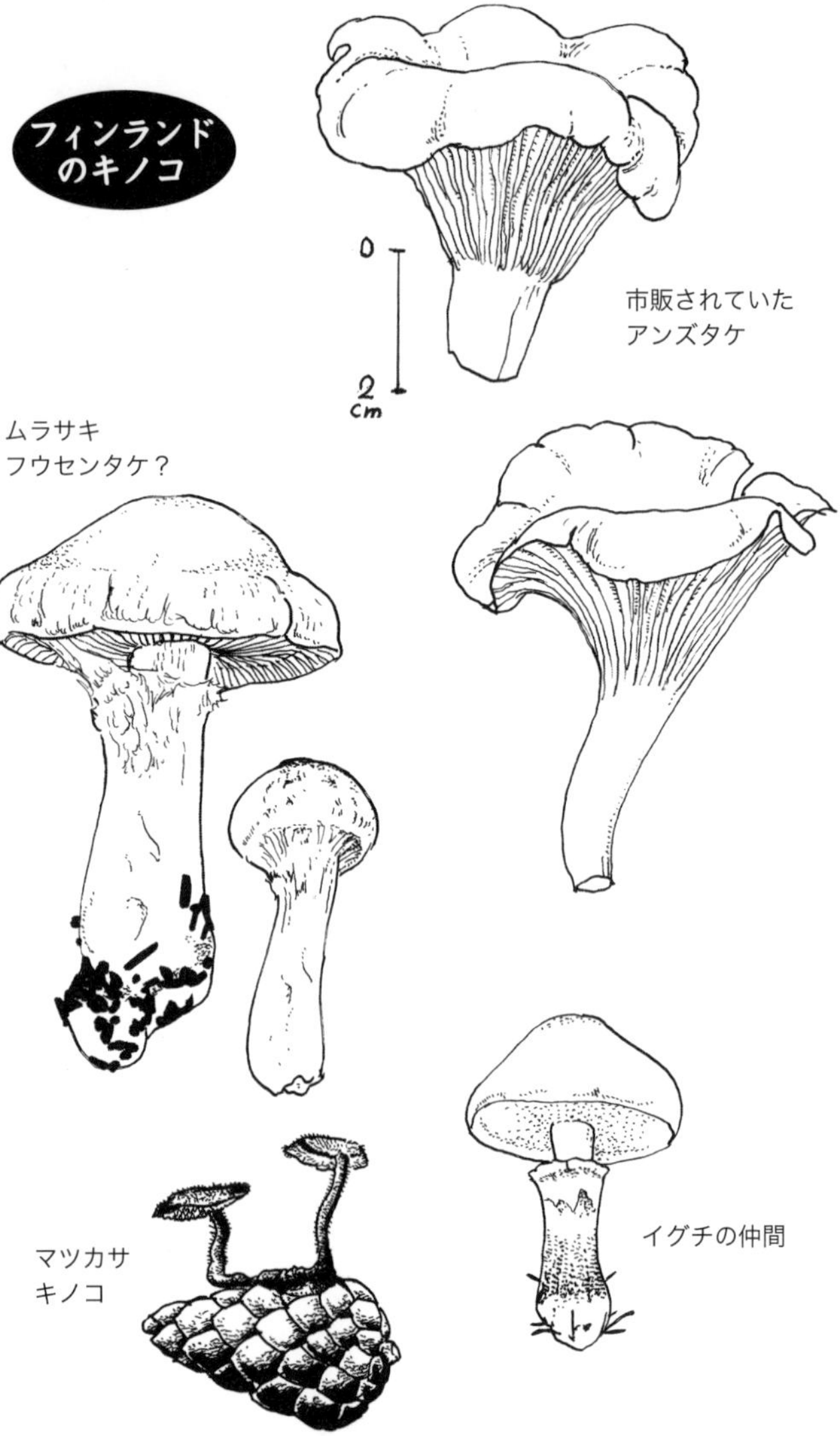
フィンランドのキノコ
0
2
cm
市販されていた
アンズタケ
ムラサキ
フウセンタケ？
マツカサ
キノコ
イグチの仲間

湖畔は、なだらかな丘だ。まばらにヨーロッパアカマツが生えている。地面にはところどころ岩が顔を出し、土の上はベリー類とキノコ、それに地衣類が覆っている。白っぽい樹枝状で、繊細な枝分かれを見せるのはトナカイゴケ。日本でお馴染みのジョウゴゴケをずっと大きくして、杯状のところの縁に赤い子器をつけた地衣も目をひく。腰を落とし、目の前の一角を見つめると、小さな葉をつけたベリーと、地衣類が重なり合い、その様子はまるで、小さな森だ。どこに佇んでも、足元の小さな森のたたずまいに、思わず見とれてしまう。そうした一角に、フンの塊が落ちていた。

トナカイのフンだ。

トナカイのフンは、シカのフンを思わせる黒い粒状をしている。しかし、意外に小さいなというのが、最初に思ったことだった。

雨の中、うろうろ。雨がやまないので、ついにはあきらめて、傘をさして、一家で森の中へ入り込んだ。森の中に入ったら、若干、風雨がしのげそうに思えたから。息子たちは足をびしょびしょにさせながら、夢中でベリーをつんでいる（ロッジに戻ってからジャムにした）。この森の中にも、さまざまな葉状や樹枝状の地衣がある。大きなベニタケの仲間や、ムラサキフウセンタケを思わせるキノコなど、キノコもあれこれ。外気温は十度だったが、ベリーとキノコと地衣とたわむれる。

ロッジに戻ると、下の息子は夕食も食べずに寝入ってしまった。残った僕らは、インスタントラーメンと、途中のスーパーで買った焼きサーモンで夕食をとる。

翌日は、うって変わっていい天気。

イバロから三〇キロほど離れたサーリセルカという小さな街へと車を走らせる。この街に隣接して、フィンランドで二番目の面積を誇るウルホケッコネン国立公園が広がっているからだ。途中、ほとんど木のない草原……といっても、草ではなく、ベリー類と地衣類の生える平坦地……があったので、歩き回ってみる。なぜこの場所だけ草地になっているのだろうかと考える。丘の上なので、風当りが強いという理由はありそうだ。しかし、人為的な要素も関わっているかもしれない。トナカイは野生動物ではあるけれど、北欧では古くから家畜としても飼養されてきた。だからトナカイの放牧場なのかもしれないと思う。実際、トナカイのフンはたんまりと落ちている。ただし、落とし主の姿は見えない。樹枝状のトナカイゴケの仲間もあちこちにある。シダのヒカゲノカズラの仲間が目にとまったのが嬉しい。大学時代、山登りをしばらくしていた。そのときの感覚だと「高山植物」に分類できるツガザクラが、足元で花を咲かせている。コケモモなどのベリーも多い。

ウルホケッコネン国立公園に。

入り口付近は樹高八メートルほどの、ほぼヨーロッパアカマツだけの疎林が広がっている。トレイルが完備されているので、ゆっくりとそのトレイルをたどればまだ保育園児の下の息子でもついてこられる道のりだ。林床にはあいかわらず、キノコが目立つ。ベニテングタケを見つけると、ついつい、カメラを向けてしまう。大型のイグチ類も多い。むろん、ここでもベリー類は多く、あちこちに赤や黒の実をつけている。下の息子は甘いものが大好きなので、フィンランドは天国みたいに思えるらしい。なにしろ散歩中、いくらでもベリーをつまんで口に入れられるのだから（最後の方は、はいつくばって、草食獣のように直接ベリーを口にしていた。結果、舌がブルーベリーで染まってアオジタトカゲみたいな真っ青になっていた）。ありがたいことに、フィンランドでは国立公園でもベリーとキノコは自由につんでいいことになっている。

森に入ったのは、午前十時。天気は晴れ。それでも日の光は弱い。虫も見ないし、鳥の姿もほとんどなく、鳴き声も聞こえない。静かな森だ。しばらく行くと、ヨーロッパアカマツよりもシラカバが目立つようになり、さらにシラカバが低木状になり、ついには匍匐《ほふく》状になったシラカバとベリーと地衣類だけが生える景観になった。極北のサンゴ礁に近づいたのだ。ただし、完全に地衣類が優占する地域にたどり着くには、もっと北に行く必要があるようだった。

トナカイはいないか。

息子たちと目をこらす。と、丘の斜面下方近くにトナカイの群れ。

息子たちと一緒になって、匍匐前進。けれど、そこまで近づかせてはくれない。僕たちに気づくと側面を迂回するように回り込み、そのまま走り去ってしまった。それでも、この目で念願のトナカイを見た。

◉トナカイとトナカイゴケ

フィンランドで見た地衣類のいくつかを、少しだけつまんで持ち帰った。その標本を、ヤマモト先生に見てもらう。

驚いたのは、見つけた地衣類に日本名がついたこと。

地上から生えるコップ型の地衣で、コップの周囲にアカミゴケのような鮮やかな赤い子器をつけていたのは、アカミゴケモドキだった。

ロッジ周辺の地上に葉状体を広げていた、全形はゼニゴケのような姿のものは、ヒロハツメゴケ。ヨーロッパアカマツの枝に着生していた葉状地衣で、白と黒のコントラストがかっこよかったものは、ヤマトフクロゴケということ。

地上性の地衣で、小型のキノコのようなものを葉状体からつき出していたのは、センニンゴケだ。エイランタイや、トナカイゴケももちろんあった。

フィンランドで見た地衣の中でも、スオメンリンナで見たオオロウソクゴケの一種などは、日本には分布していないから和名がないのだけれど、ラップランドで見た代表的な地衣類は、北海道や高山にも分布している地衣類であったわけ。フィンランドはずいぶんと遠く、普段のつながりもあまり感じていなかった土地であったけれど、地衣的に見ると、同じ種類の地衣が生える土地同士ということになる。

出かける前に思っていたほど、地衣類だけの景観にお目にかかることはできなかったし、トナカイの群れを存分に見るというふうにもならなかった。しかし、実際に現地であれこれ触れると、見てきたものが自分の中に確かなつながりを持つのを感じる。まがりなりにも実際に生息地でトナカイを見たことで、トナカイが自分にとって、あるつながりを持った生き物として位置付けられる。

沖縄に戻ってからフィンランドで撮った写真を、夜のファミレスでスギモト君夫妻に見てもらった。

「虫とかいなくて、草とかもなくて、それでいきなり大型獣のトナカイがいるって、なんか不思議ですね」

そう、スギモト君が言う。

「トナカイの一年の餌ってどうなっているの？」と続けて聞いてくる。

フィンランドから帰ってから、僕自身、その点については気になったので、調べてみた。わかったことをかいつまんで紹介してみる。

「極地に棲むトナカイは、ほかに餌がないからしかたなく地衣類を食べているわけではない」

大村嘉人さんの「トナカイゴケを食べるトナカイの秘密」にはそう書かれている。なぜなら、さまざまな種類の植物や家畜用飼料などと一緒に地衣類を並べても、多くの場合、地衣類を最初に食べるという実験結果も報告されているからだ。ただし、地衣類の種《しゅ》による、好き嫌いはあるらしい。

一章で、樹枝状地衣のエイランタイは薬用や食用として利用されてきた歴史があるが、食用としてはあまり栄養価値がないという話を紹介した。トナカイゴケの場合、ほとんどが炭水化物からなっており、タンパク質やミネラルの含有量が非常に少ない。そのためトナカイも栄養のバランスを取るべく「夏には草木を、秋にはキノコなどを旺盛に食べる」と大村さんは書いている。こうした夏場の栄養補給などが必要であるにせよ、冬場、トナカイが地衣類をもっぱら食べても生きていけるのは、トナカイは胃の中のバクテリアが作るリケナーゼと呼ばれる酵素の助けで、地衣類の炭水化物の約九〇%を消化できるからだ。

「そうなんだ。冬、餌がなくて、やむなく木の皮を食べるというのとは、違うんですね。それにしても、あんな大きいのが群れをなしてて、地衣類は食い尽くされないのかな?」

スギモト君は、こうも問う。

この点についても、同じことが気になって、ヤマモト先生に聞いてみたことがある。たとえば僕が授業の教材として利用しているトナカイゴケは、都市型ホームセンターの東急ハンズで購入したもの。本来はジオラマに使うものだ。こうしたトナカイゴケは、どこからやってくるんだろう。

「ラップランドとかそこらへんで、トロ箱に土を入れて地衣のカケラをばらまくと、五年で収穫できるほど育つって聞いたことがあります。そういうことをしているらしいですよ」

ヤマモト先生は、そう言う。痂状地衣に比べると、トナカイゴケの成長は早いようだ。加えて、トナカイは採食場を変えることで、餌となる地衣類にありついているのだろう。

「トナカイのフンはあっても、分解する虫はきていなかったんですよね」とスギモト君。少なくとも、今回は見ていない。

「トナカイゴケ、トナカイが食べるんなら、おいしいんじゃないですか? かじりました?」

こう言うのは、スギモト君のつれあいのピーコさん。そういう発想がなかった。かじってみればよかった。ただ、おそらくはおいしくないだろう(食用として利用されたエイランタイでさえ、苦みがあるということだし)。

「トナカイを食べるオオカミとかはいるんですか？」

スギモト君がさらに問う。

ヘルシンキ二日目、スオメンリンナから戻ってから、市内の自然史博物館に行ってみた。そこには、「必死で逃げるトナカイに追いすがるオオカミ」の迫真迫るシーンを再現した剥製が展示されていた（ヨーロッパの博物館の生態展示は本当にすごい）。それと、トナカイの脚をくわえているイタチ科の肉食獣、クズリの剥製もあったっけ。

「クズリですか……」と、ここで、スギモト君はケータイでクズリの検索をする。体は小さくとも気の強いクズリが、コヨーテやクマまで追い払う動画なんていうのがすぐに出てくる。

それにしても、ラップランドで生まれ育ったら、今の自分とずいぶんと自然認識が違った人間になったんじゃなかろうか。ラップランドで生まれ育ったらきっと、地衣類はもっとも身近な生き物の一つになるのだろう。そのとき、自分の世界の果てはどこになるのだろう。

「ベリーは誰が食べるんですか？」

ピーコさんが、また思わぬ質問を投げかけてくる。確かに、誰だろう。鳥はほとんど見なかったのに、あんなにたくさんベリーがなっていて。スギモト夫妻と会話をしたおかげで、トナカイを実際に見たとはいっても、その地の生態系について、いかに無知であるかに気づかされる。

そして、トナカイをめぐる生態系の話から、人間をはずすことはできない。

地衣類が茂り、トナカイが育つから成り立つ人々の営みもある。

◉地衣類と原発

イバロのロッジから北に向かうと、イナリ湖の湖畔にトナカイに頼って暮らしてきたサーミの人々を紹介する小さな博物館がある。展示の中に、トナカイの耳を紹介したパネルがある。耳に入れられた切れ込みで、誰のトナカイかを判別したのだ。さまざまな切れ込みが入ったトナカイの耳のイラストがずらりと描かれたパネルを見ただけで、サーミの人々がトナカイにどんな思いを抱いていたかの一端が伝わってくる。となりには、さまざまな毛色や角の形をしたトナカイの写真が、これまたずらりと並んだパネルがある。サーミの人々は、こうしたトナカイの微細な違いをそれぞれの呼称で呼び分けていたのだと説明がつけられている。トナカイの各部がどのように利用されていたかを紹介するパネルもある。靴に使われていたのは、トナカイの顔の皮とか。

しかし、そうしたサーミの人々の暮らしは、あるときを境に大きく変わってしまった。ちょうど、僕がフィンランドに出かけたのは、その事件から三十年目にあたることに、旅行準備中に気づく。チェルノブイリの原発事故だ。

地衣類には根がない。そのため、雨に溶け込んだ栄養源を積極的に吸収する。その能力が、放射性物質に対しても発揮されてしまい、地衣類は放射性物質を蓄積してしまう。その地衣類をトナカイが食べる。当然、トナカイの肉が汚染される。トナカイを暮らしの中心に置くことができなくなったのである。

しかし、地衣類が放射性物質を貯め込むことがわかったのは、実は、チェルノブイリ以前にさかのぼる。

〝大気内核実験が行われた当時、トナカイゴケはストロンチウム90のような放射性核種の有能な蓄積者であることを証明した。トナカイがこれらの地衣を食べたとき、放射性金属は彼らの骨や組織になおいっそう濃縮された。この放射能は汚染されたトナカイの肉を食べた人により濃縮され骨癌と白血病の増加のもとになった。この同じつながりがチェルノブイリ原発の爆発によって、再度引き起こされた。そしてラップランドにおける広範囲のトナカイの食草の破壊を避けがたく引き起こした〟

『北米の地衣類』には、こう書かれている。

一九四五年以来、各地で繰り返された大気内核実験。一九八六年のチェルノブイリ。

過ちは繰り返された。

そして３・11が起こる。

その年の秋から、僕は地衣類を追いかけはじめた。

時を同じくして。僕は原発をテーマとした授業も始めることにした。

「原発について、聞いたことがあること、わからないこと、連想したこと」

授業の最初に、そんなキーワードを、みんなで出し合う。その後、そのキーワード中から、それぞれが一つのテーマを選び、三十分ほどのミニ授業を作って発表する。そんな授業内容だ。

沖縄には原発はない（代わりに広大な米軍基地がある）。だから、授業前の学生たちは、原発に対して、ほとんど知識も興味もない。「なにやら恐ろしいようなもの」という位置づけで終わっている。でも、それは、3・11が起こる前の僕自身の姿だ。

自分には知らないことがあることに気づくこと。

知らないことを知っていく中で、誰かに伝えたいと思うことを見つけること。

それが授業の目標だ。

二〇一一年から毎年、この内容で授業を行なっている。受講する学生によって、選ばれたテーマはさまざまだ。学生たちは、それぞれ、自分の世界を持っている。自らが被爆三世であることを明かしながら、原爆について授業をした長崎出身の学生もいた。母親に甲状腺の障害のある学生は、放射線と甲状腺癌についての授業をしてくれた。

僕がフィンランドに行った二〇一六年の秋の授業で。キノコやコケの写真家として有名な、伊沢正《いざわまさ》名《な》さんの『うんこはごちそう』という絵本を読み聞かせる授業を展開した学生がいた。

伊沢さんは自分のうんこを野山に還すという活動を続けている。

人間はさまざまな命を食べて生きている。それなのに、ほかの命に対して、何もお返しをしていない。唯一返せるのが、うんこなのだ……そうした思想にのっとった活動である（糞土研究会というグループも作っている）。

『うんこはごちそう』を開いてみる。トイレに流されたうんこは、ゴミとして焼却される。しかし、本来は、土の中で微生物や菌類、昆虫によって栄養として利用されるものである。そうした話が写真と絵によってていねいに紹介されている絵本だ。

絵本を読み終わった授業者のハナコが、生徒役の学生とやり取りを始める。

「絵本の中に、キノコは何を食べるって書いてありましたか？　落ち葉を食べるって書いてありましたね。動物の死体とかも食べるって。キノコはいろいろなものを食べます。そして二酸化炭素をいらないものとして空中に出します。二酸化炭素はキノコのうんこなんです。その二酸化炭素を今度は植物が食べます。そうして植物はいらないものとして酸素を出します。と、いうことは、酸素は植物のうんこだね。動物がうんこをすると、キノコが食べてと……」

「あっ、サイクルが回った」

「じゃあ、うんこはゴミかな？」

「ゴミじゃない」

「さっき、誰かが、うんこは肥料にもなるって言ったよね。江戸時代は汲み取り式便所だったんですが、そこからうんこを集めて肥料にしていました。リサイクル社会だったから。ではここで質問です。世の中には、どうにもならないゴミもあります。それは何でしょう」

こんなやり取りから、授業は、放射性廃棄物は処理ができないという話につながっていった。授業の最後に紹介されたのは、フィンランドに作られたオンカロと呼ばれる地層処分の施設についてだ。示された映像の中に、放射性廃棄は安全になるまで、十万年、地下で保存されるというナレーションがある。

十万年という時の長さについて、やり取りが交わされる。

僕らは十万年前の人々のことを覚えているだろうか。

それなら、僕らはなぜ十万年後に放射性廃棄物を送り出せると考えるのだろう。

授業の最後に、ハナコが授業のまとめに付け加えて、もう一つ、言いたいことがあると言った。

「ゲッチョ先生が、いちばん最初の日の授業で、フィンランドに行ったという話をしてくれましたね。そこで地衣類っていうキノコの話をしたでしょう。トナカイゴケっていう。ゲッチョ先生はそのときなぜ、フィンランドに行ったのかは、まだ内緒にしておくと言っていました。けれど、私がこの授業を作るときに、気になって調べてみたら、キノコは森の掃除屋で、森林内のセシウムを取り込む性質があるって書いてありました。キノコの菌糸は森の土の浅い場所に広がっていて、セシウムを吸い込むって。そういうことを調べに先生はフィンランドに旅をして。フィンランドに行ったんじゃないですか……」

地衣類を追いかけ、フィンランドに旅をして。迂遠な方法とは思いつつ、自分なりに誰かに伝わる言葉を持とうとしたら、そうなった。


学生たちと話をしていると、彼らには知らないことがなんと沢山あることか、と思ってしまうときがある。

しかし、学生たちには、そのことに気づく力がある。

自分の世界を変えていく力も持っている。

◉見えているものと見えていないもの

地衣類を追いかけはじめてしばらくして。

ミカコが西表島のイノシシ猟の調査のために沖縄にやってきた。

ミカコは僕が埼玉で高校の理科教員をしていたときの生徒の一人だ。高校卒業後、大学院にまで進学して人類学をおさめ、今は大学の教員になっている。主な研究テーマは狩猟採集民の暮らし。主な研究フィールドはカナダ・ユーコン準州に暮らすアサバスカンインディアン・カスカの人々だ。北米にもトナカイは生息している。ミカコからもトナカイについての話を聞く。

北米ではトナカイはカリブーと呼ばれる。

「うちの調査地は森林地帯だから、いるのはウッドランド・カリブーだよ。星野道夫さんの写真で紹介されているような、大きな群れは作らないし、移動も山の上と低地を移動するってくらい。だからカリブーというと、ミカコ的には森の中にいるかんじ」

カスカの人にとって、カリブーの重要度は？

「ヘラジカをすごく食べてて、カリブーは二番目かな。語彙でみても、ヘラジカに関する語彙の方が、カリブーに関する語彙より多いよ。捕りやすいのはカリブーの方なんだけど、カスカはヘラジカの肉が好き。昔はもっとカリブーがいたけど、道路とかができて、数が減ったというのも影響があるかもしれない。でも、確かにヘラジカはとてもおいしいの。カリブーは、いつごろ、どのあたりにいるか、わかっているから捕りやすいんだけど。昔はカリブーの囲い込み猟もしていて、それに使った遺跡が残っている。もっとシンプルな猟は、カリブーを川に追い込んで、渡る最中を待ち伏せして殺すって方法。同じアサバスカンでも、チペワイヤンだとカスカとは違って、カリブーを捕るために村ができて、一年の生活リズムもカリブー猟に合わせている。これが大きな群れになるカリブーを捕っている人々の生活で、大きな群れを捕れれば、何か月もしのげる肉が手に入るから」

また、同じ民族の中でも、カリブーを食べたり、食べなかったりすることもあるという。

「カリブートーテムみたいなのがあるわけ。ある子がカリブーに育てられて、やがてカリブーに戻っていった。カリブーにはカスカの血が混じっている。だからカリブーを食べないっていう人々がいる」

地衣にはまって、その地衣を食べるトナカイにも関心を持って……という、自分の興味の流れをミカコに説明した。そして、そもそも、その地衣への興味は、原発や放射能を自分なりに見ていく手段でもあったと。

すると、ミカコが思いもかけず、放射能に関わる話をしはじめた。

「調査地の近くが、世界で初めてのウラン鉱山なわけ。そこはノースウェスト準州なんだけど。日本に落とされた原爆のウランも、そこから掘られたって。で、その仕事に従事していたのが、アサバスカンの人々なの」

アサバスカン・インディアンの中に、かつてヘヤー・インディアンと呼ばれていた人々がいる（このヘヤーとはノウサギのことで、ノウサギをよく捕っている人々だったことから、こう呼ばれた）。現在ではサスデネと呼ばれているが、そのサスデネの人々が採掘に従事していたのだという。

そして、後遺症が残された。

ウランが採掘された場所の近くには大きな湖がある。ウラン鉱石は船に乗せられ搬出された。そのとき使われた船は汚染されているために、今もその場所に打ち捨てられているとか。

「原発は必要だという人たちがいるでしょう。福島にはもう作れなくても、東京に作ったっていいっていう人の話を聞いたことがある。東京の人が使う電気を東京の原発で作るんだったらいいだろうって。でも、掘り出す時点で、もう〝差別〟が起こっている。だから東京に作るんならいいだろうっていう話にはならないと思う。もうちょっと、みんなに想像力があればいいのに」

ミカコは、そう言った。

ミカコ自身、グレートベア・レイクの畔のサスデネの人々に起こったことをはじめから知っていたわけではない。数年前、たまたまその人々がカナダの大学に来ていて、話をしてみると、その人たちがなぜか日本のことを知っていた……。彼らは後遺症のケアのために大学を訪れていたのであり、広島の人々と交流があることから、日本のことをよく知っていたのだ。

インターネットで「ザ・グレートベアレイク：その歴史」（The Great Bear Lake: Its Place in History. Lionel Johnson）と題されたＰＤＦを見つけた。

オンタリオの有限会社によって、ポートラジウムに一九三二年に鉱山が設立された。すぐにピッチブレンド（ラジウムを生産する鉱石）鉱山であることがわかった。それ以前にはベルギー領コンゴでしか採掘されていなかったものだ。あわせてウラニウムも見つかったが、いくつかの金蔵産業やガラス、陶器に使われたものの、その時点では事実上、クズの産出物だった……。こんな歴史が淡々と綴られている。


たとえ存在しているとしても、自分の視野の外にあるものは見えてこない。

地衣類は多くの人にとってそんな存在かもしれない。

そして、地衣類以外だって。

自分には、何が見えていて、何が見えていないのだろう。物忘れのひどい僕だけど、そのことに対しては、自覚的でありたい。

終章――この世界がある限り

京都・亀岡へ。

高校の教員時代の生徒だった、イッコウからの招きだ。里山学校なるものをやっているので、その集まりで話をして、ついでに里山での観察会を行なって欲しいという依頼内容。オッケーを出したものの、大学の仕事が忙しくて、日程がとれない。結局、春休みに入った三月中旬に亀岡に向かうことになった。大阪の伊丹《いたみ》空港までイッコウが車で迎えに来てくれる。

イッコウは自称、ゴミ屋である。清掃人をしているわけではなく、環境に負荷をかけないゴミの分別、処理とはどのようなものかを調査研究し、新たな技術や施策を開発・提言する仕事をしている。

「これから人口が減少するでしょう。そうしたら、大規模なゴミ焼却場とか、下水処理とかが立ち行かなくなるよ。そのときどうしたらいいかとか、もう考えないといけない」

車中、イッコウにゴミを切り口とした、あれこれの話を聞く。これまた、知らないことのなんと多いことか。

土地勘がないので、どこをどう走ったのかわからないけれど、車はやがて山間の谷間の集落へ。

「あと二十年したら、この集落は、ほぼ、誰もいなくなるよ」

今度は、そんな話を聞く。

集落の住民はほとんど、七十歳以上の方ばかりなのだ。そうした集落で定期的に、里山学校という催しが行われている。里山学校の校長先生は、生家である古くからの農家を継ぐ五十代の男性だ。校長先生は、なんとかこの集落と周辺の里山を残そうとして活動を続けている。イッコウも自分の仕事の合間に、その手伝いをしている。

たとえば地元に伝わる伝統的な味噌作りを親子連れに体験してもらったり、干し柿を作ったり。なんでもこの里山学校のあるあたりは、冬場にこたつに入って水羊羹を食べる文化があるのだそう。だから里山学校でも水羊羹を作るワークショップを開いたとか（文化のありかたも、本当にさまざまだ）。

前回の里山学校では、鶏を自分たちでつぶして料理して食べたという。その食べ終わった鶏を土に埋めて骨にする。その骨を掘り起こして組み立ててみようというワークショップが、今回の企画だ。

僕が埼玉の学校で教員をしていたとき、その学校の中に、ホネホネ団という生徒たちの自主的なサークルがあった。もとは、僕が教材用に動物の骨を取っていたのだが、それを面白がった生徒たちがサークルを作ったのだ。イッコウも、その中の一人だった（ついでに、先のミカコもメンバーの一人だった）。だからこんな企画が持ち上がったわけだ。今回の里山学校には、僕とあわせて、やはり当時ホネホネ団の一員だった卒業生のミノル（今は標本士になっている）も講師として招かれていた。この日、ミノルと僕が骨や標本についての話をし（ミノルは鶏の骨格の組み立ての指導もし）、翌日は、僕が講師となって地域の自然を見て回る観察会の予定だ。

観察会当日。天気は抜群。気温も三月中旬としては、かなり暖かだ。谷沿いに田が連なっている。周囲の丘は植林地が多い上に、案外急斜面だから林の中に入り込むのは難しい。田んぼの縁には電気柵。シカやイノシシによる獣害を防ぐためだ。結局、田んぼに沿った農道を歩きながら、道脇の自然を見て回るしかない。

初めての土地。

季節は早春。

こんな条件で、何ができる？

どこでも地衣・いつでも地衣。

そう思えるようになっているから、ちょっとは安心。

子ども連れの二十名ほどの参加者とともに、歩きはじめる。開始にあたって、集合場所となっている里山学校の校長先生の建てた丸太小屋のコンクリートの土台を背に話す。「この前、南極の生き物を見たんですが、南極で見られる生き物が、この場所にもいます」と。

コンクリートの土台のあちこちに、ギンゴケが生えている。ついでに田んぼの並びには植木屋さんの畑があるが、その地表にはヤノウエノアカゴケも生えていた。

足元のコケから話を始めたのは、そうしたものにも目を向けないと、見るものがないかもと思ったから。が、参加人数分だけ目があると、それだけ発見がある。三月にしては暖かくて、虫も動きはじめていた。捕虫網を持った少年が一人参加していたのだが、彼はさっそく網を振り回し、越冬から目覚めたばかりのテングチョウを追いかけはじめた。田んぼの脇の土手には、フキノトウも顔を出している。

秋の名残といえるものもある。クスサンという大型のガの空マユもいくつか落ちていた。古ぼけたノウタケを見つけた参加者が、「これ何?」と聞いてくる。成熟し、乾燥するとスポンジ状となるキノコで、たたくとポフッと煙のように胞子を飛ばす。花をつけたツバキがあったので、その下にしゃがみ込んで、落ち葉を掻き分けてみる。案の定、小さなキノコが生えている。黄土色をした、小型のチャワンタケの仲間だ。根元を探ると、細い柄が地中に伸びていて、さらにその根元には、黒い塊がある。ツバキの花は大きいが、ツバキの木の下には、その花の落ちるころ、落ちた花を分解する専門の菌・ツバキキンカクチャワンタケが姿を現す。この小さなキノコを見つけるたびに嬉しくなるのは、生き物の世界の命のめぐりの妙を思うからだ。生き物の世界では、こうしてすべてのものが、リサイクルされていく。それと比べると、十万年間、地中深くに隔離しておかなければならない核廃棄物というものは、いかに生き物の世界と隔絶しているものだろう。

こうして、思っていたよりもあれこれと、見るものがある。

土手の石にはヘリトリゴケが生えているし、その脇の土の上にはヒメジョウゴゴケの姿もある。

「これは、藻類と共生しているキノコなんです。藻類が光をあびて栄養をつくり、その藻類から家賃のように栄養分の一部をもらって生きています」

ヘリトリゴケを前に、そんな説明をする。

「こういうの、木にも生えていますよね。木に生えると、木を弱らせますか？」

「いいえ、悪さはしません。ただ、くっついているだけですから」

「安心しました」

こんなやり取り。

確かに、道脇の木々には、ウメノキゴケ、キウメノキゴケ、マツゲゴケがわさわさと生えている。木にダメージを与えるんじゃないかと思うのも当然か。でも、こんな茂りっぷりは都会では絶対、お目にかかれないものだ。

「日本では、古くからこうした地衣類を文化の中にも取り入れています。お寺なんかの木彫のマツの飾りを見ると、幹に地衣類の文様が描かれていたりします。ちょっとデザイン化されていて、こけ紋と呼ばれているんです。京都の仏具屋さんのショーウィンドウを覗いていたら、仏具の見本にこけ紋がついていて、ああ、こんなところにも地衣があるって思いましたよ」

「こけ紋？　ポケモンみたい」

参加者のひとりの言葉にみんなが笑った。

ゆるゆるとした観察会は、無事、終了した。

道脇に顔を出していたフキノトウをつまんでお土産にしようか。

「うちは、かみさんが苦いのキライだから、つんでいかなくていいや」と、ミノル。

「うちは、フキ味噌を作るだけだから、少しでいいや」とイッコウ。

僕の父は佃煮を作るのが好きで、その影響で僕もしょっちゅう佃煮を作る。だからできるだけたくさん、フキノトウをつんでいきたい。

自然との関わりは、人によってさまざまだ。地域による文化の差もある。時代によっても変化する。考えれば、僕らは長い間、地衣類と同じような暮らしをしてきたとはいえまいか。家々の周囲に田畑を作り、太陽のエネルギーを得て育った農作物を収穫し、それを食べて生きる。農作物を中心とした生き物たちとの共生関係。里山というのは、そうした人々の暮らしが成り立つように、長い間かけて生み出された自然環境だ。その里山が、変質し、消滅しつつある。

そんな中、その時代の波に呑まれまいという、小さいけれど、確かな意志もまた生まれている。


はるか昔。

海の中にシアノバクテリアという光合成をする生き物が生まれた。

それから長い時間を経て。

光合成をする生き物は、上陸に成功し、地表を緑で覆うようになった。

草や木は、植物的な暮らしの中では王道をいくものたちといえる。しかし、王道をいくものたちがすべてということでもまたない。目を向ければ、地衣類という、草や木とは別のスタイルで生きる光合成生物の存在に気づく。

ほら、そこにもある。ここにもある。

すぐ、となりにもある。

「ひょっとすると、地表を一番覆っているのは、地衣類かもしれませんよ」

ヤマモト先生はそんなことを言っていた。

ほんとうに？

地衣類は、決してマイナーな存在なんかではないのかもしれない。

ただそのことに、僕らが気づいていないだけ。

振り返れば、地衣類は僕にとっては、世界の果てのような存在だった。だから、地衣類を追いかけ
はじめて、僕の世界は、少しばかり広がった。

まだまだ知らないことばかり。

それでも、僕らは知らないことを知ることができる。

知らないことがあることに、気づくこともできる。


この世界がある限り。

引用・参考文献

赤澤 威ほか編　1992『異民族へのまなざし　古写真に刻まれたモンゴロイド』東京大学出版会
伊沢正名・山口マオ　2013『うんこはごちそう』農文協
上橋菜穂子　2014『鹿の王』上・下　角川書店
大村嘉人　2007「チイ便り・5　トナカイゴケを食べるトナカイの秘密」『日本植物分類学会ニュースレター』27：18
大村嘉人　2016『街なかの地衣類ハンドブック』文一総合出版
柏谷博之　2009『地衣類のふしぎ』ソフトバンク・クリエイティブ
蜂須賀正氏　1950『世界の涯』酣燈社
ヘンリー・リーほか／尾形希和子ほか訳　1996『スキタイの子羊』博品社
山本好和　2007『地衣類初級編』三恵社
山本好和　2009『近畿の地衣類』三恵社
吉村 庸　1974『原色日本地衣植物図鑑』保育社

Brodo, I.M. et al. 2001 Lichens of North America. Yale Univ.
Crawford, S.D. 2015 Lichen used in traditional medicine. *Lichen Secondary Metabolites*. Springer International Publishing Switzerland
Elix,J.A. 2005 Molecular phylogeny of parmotremoid lichens (Ascomycota, Parmeliaceae). *Mycologia* **97**(1):150-159
Gangas, A. et al. 1995 Multiple origins of lichen symbioses in fungi suggested by SSU rDNA phylogeny. *Science* **268**:1492-1494
Nash III, T.H. 2008 Lichen Biology second edition. Cambridge Univ.
Smith, A.L. 1921 Lichens. Cambridge Univ.

南極昭和基地周辺の地衣類（http://polaris.nipr.ac.jp/~antamoss/chii）

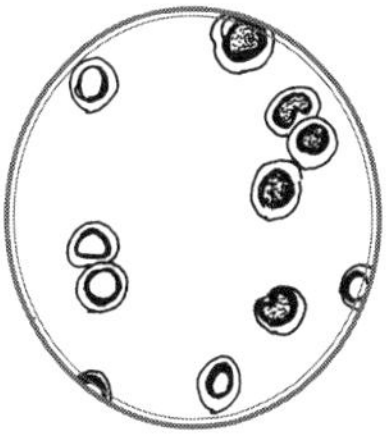
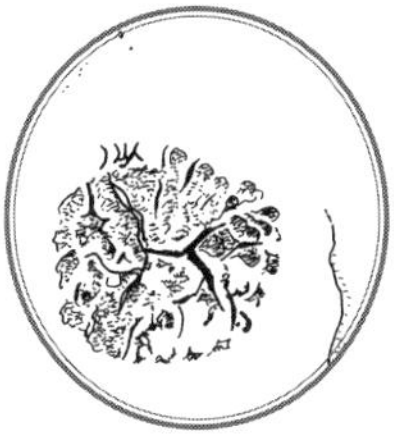

タ　行

ナ　行

ハ　行

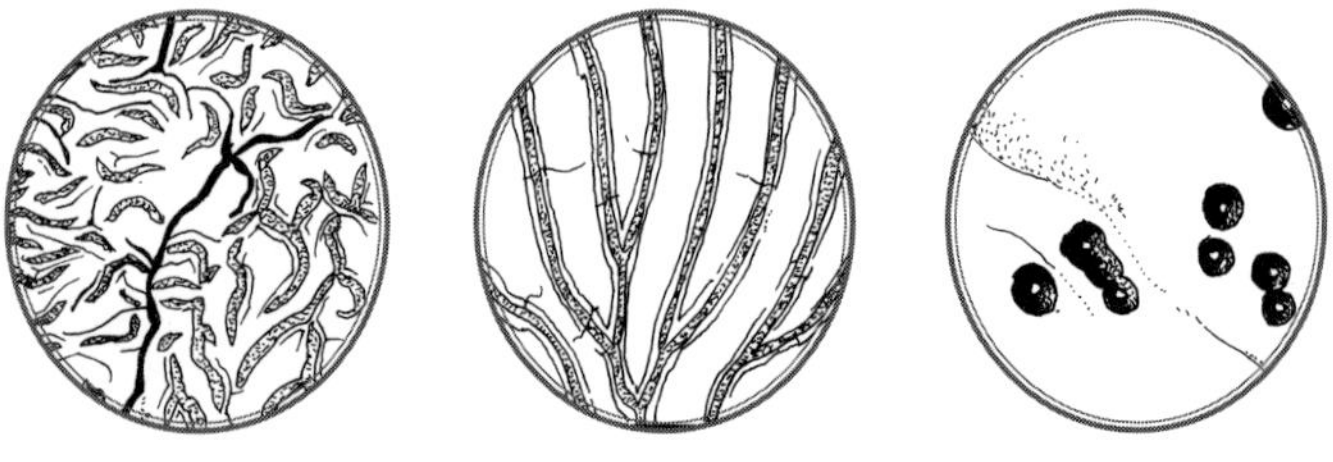

サ　行

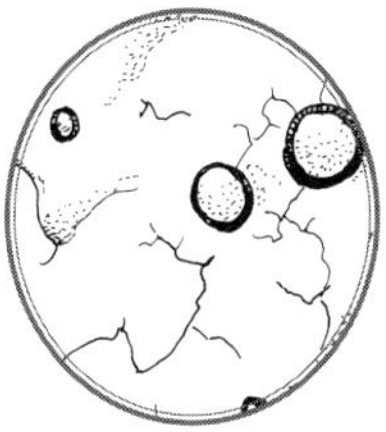
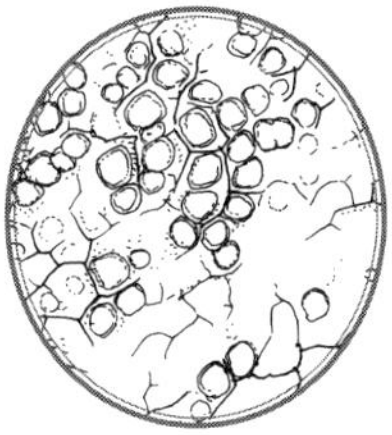

地衣類名索引

★太字は図版の掲載ページ

ア 行

カ 行

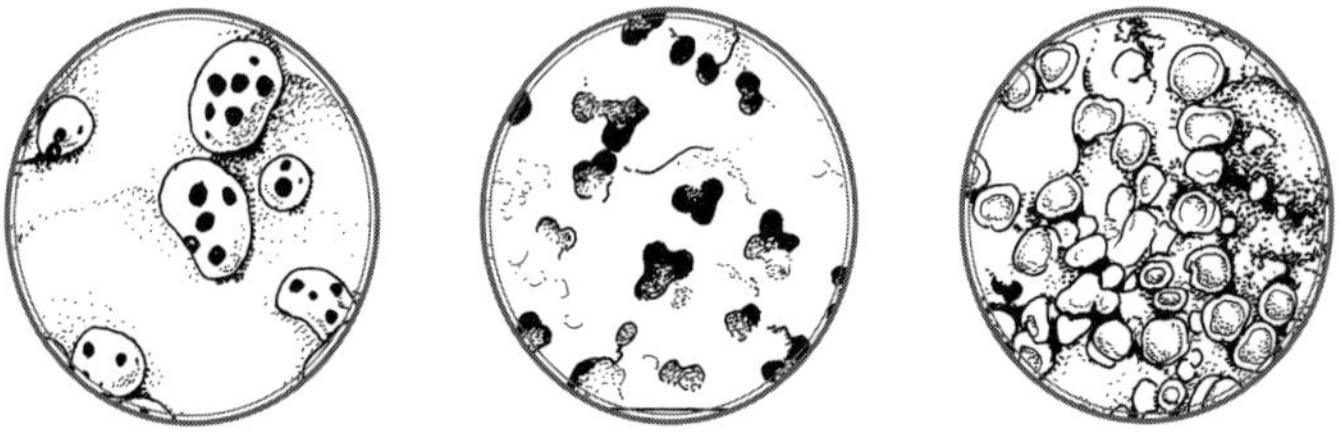

著者紹介

盛口　満（もりぐち みつる）

1962年千葉県生まれ。千葉大学理学部生物学科卒業。自由の森学園中・高等学校（埼玉県飯能市）の理科教員、沖縄大学人文学部こども文化学科教授を経て、2018年4月より沖縄大学学長。

主な著書：
『僕らが死体を拾うわけ』『ドングリの謎』（どうぶつ社→ちくま文庫）
『骨の学校』『ゲッチョ先生の野菜探検記』（木魂社）
『テントウムシの島めぐり』（地人書館）
『身近な自然の観察図鑑』（ちくま新書）
『自然を楽しむ』『生き物の描き方』『昆虫の描き方』『植物の描き方』（東京大学出版会）
『生きものとつながる石ころ探検』（少年写真新聞社）
『めんそーれ！ 化学』（岩波ジュニア新書）
『おしゃべりな貝 増補新装版』『シダの扉』『雨の日は森へ』『天空のアリ植物』（八坂書房）
ほか多数。

★本書のイラストレーションはすべて著者によるものです。

となりの地衣類　地味で身近なふしぎの菌類ウォッチング

2017年11月25日　初版第１刷発行
2020年７月10日　初版第２刷発行

著　者　盛口　満
発行者　八坂立人
印刷・製本　シナノ書籍印刷（株）

発行所　（株）八坂書房
〒101-0064 東京都千代田区神田猿楽町1-4-11
TEL.03-3293-7975　FAX.03-3293-7977
URL.：http://www.yasakashobo.co.jp

ISBN 978-4-89694-242-2